国家自然科学基金资助项目（51278108）
"十二五"国家重点图书出版规划项目
《宜居环境整体建筑学》系列丛书

大城市的生机与矛盾

Vitality and Contradictions of Great Cities

齐 康 等 编著

QI KANG EDITED

U0353481

东南大学出版社
南京

齐康

　　东南大学建筑研究所所长、教授、博士生导师，中国科学院院士，法国建筑科学院外籍院士，中国勘察设计大师（建筑），中国美术家协会会员，中国首届"梁思成建筑奖"获得者和中国首届"建筑教育奖"获得者，曾任国务院学位委员会委员，中国建筑学会理事、常务理事。主要作品（主持和参与的）有：南京雨花台烈士陵园革命烈士纪念馆、碑，南京梅园新村周恩来纪念馆，侵华日军南京大屠杀遇难同胞纪念馆一期、二期，苏中七战七捷纪念馆、碑，淮安周恩来纪念馆、周恩来遗物陈列室，福建武夷山庄，黄山国际大酒店，河南省博物院，福建省历史博物院，沈阳"九一八"纪念馆，宁波镇海海防纪念馆等百余项，建筑设计项目分获国家优秀工程设计金质奖两项、银质奖两项、铜质奖两项，1980年代优秀建筑艺术作品二、三名，部、省级奖几十项。他主持、参加的科研项目有二十余项，其中"较发达地区城市化途径和小城镇技术经济政策"获建设部科技进步二等奖，"乡镇综合规划设计方法"、"城镇建筑环境规划设计理论与方法"、"城镇环境设计"分获教育部科技进步奖一、二、三等奖。发表"建筑创作的社会构成"、"建筑意识观"等论文百余篇，著有《城市建筑》、《绿色建筑设计与技术》等专著二十余部。他立足于培养高水平的建筑学专业的研究、设计人才，重视培养学生的基本功和设计方法的训练，注重开拓思路和交叉学科之间的融合和交流，现已培养博士、硕士研究生百余名。

Qi Kang

Qi Kang, a professor and Ph. D. supervisor of Southeast University, is now the director of Institute of Architectural Research of Southeast University.

Mr. Qi Kang , a master of survey and design in Architecture, is the Academician of Chinese Academy of Sciences and French Academy of Sciences. He is the member of China Association of Artists. He won the first Liang Sicheng Architecture Prize and the first China Architecture Education Prize.

He was once the member of Academic Degrees Committee of State Council, and the member and the executive member of The Architectural Society of China.

Mr. Qi Kang has directed or participated in designing many architectural projects, of which the following are the representative ones: Yuhuatai Memorial Museum for Martyrs and Yuhuatai Memorial Monument for Martyrs in Nanjing, Zhou Enlai Memorial Museum in New Meiyuan Village in Nanjing, The Memorial Hall of the Victims in Nanjing Massacre by Japanese Invaders (Stage One and Stage Two), Seven-war-seven-victory Memorial Museum and Monument in Hai'an, Mid-Jiangsu Province, Zhou Enlai Memorial Hall and Zhou Enlai Relics Showroom in Huai'an, Jiangsu Province, Wuyi Villa in Fujian Province, International Hotel in Huangshan, Anhui Province, Henan Museum in Henan Province, Fujian History Museum in Fujian Province, The Enlargement Project of 9.18 Museum in Shenyang, Liaoning Province, and Zhenhai Coastal Defense Museum in Ningbo, Zhejiang Province, etc. Many of Qi Kang's works have won Golden, Silver and Bronze Awards at national and provincial levels .

Mr. Qi Kang has presided over and participated in more than 20 scientific research programs, among which *The Way of Urbanization in the Developed Areas* and *The Technical, Economical Policies for Small Cities* won the Second Prize for Science and Technology Development awarded by The Ministry of Urban-Rural Development, and *The Comprehensive Planning and Design in Urban-Rural Areas, Theory and Practice of Planning and Design in Urban Architectural Environment, Environmental Planning in Towns and Cities* won the First, the Second and the Third Prize for Science and Technology Development respectively awarded by The Ministry of Education.

Mr. Qi Kang has published more than 100 academic papers such as *Social Composition of Architectural Design, Consciousness of Architecture*, etc. He has also published more than 20 books such as *Urban Architecture, Green Building Design and Technology*, etc.

Mr. Qi Kang, sticking to cultivating high-level research and design talents in architecture, pays attention to training his students' basic skills and designing methods, and attaches importance to thought-development, the exchange and amalgamation of interdisciplines. Under Mr. Qi's supervision, more than 100 students have won Ph. D. and master degrees.

目录

Contents

1 城市发展建设中的科学决策

Scientific Planning of City Development

我国人口众多，大城市的数量在世界大城市中占有较大的比重，特大城市如北京、上海、广州的人口超过了 2000 万，这些发达地区城镇化水平较高，人口流动较大。农民涌向大城市大多是去发达城市和发达省份，而西部、边区的发达大城市的数量有限。

大城市，特别是特大城市在发展和建设中产生了诸多矛盾，如表现在城市土地的扩大、人口的增加、城市基础设施的加大增强、农民工子弟的教育、福利设施和医疗设施的建设等诸多方面，而在原农村又产生了孤寡老人、留守儿童。人口的流动带来了二代农民工的工作生活及其子女的教育、福利及医保等等问题，再有如空气雾霾、废气排放、交通拥堵等影响人们生活等问题，同时就业也是一个大问题。

我们需要寻求中国特色城镇化进程中的决策轨迹，以求获得在中国城市发展建设中的科学应用和作用。

在城市发展和建设中要有科学决策这样一个重要的环节。决策学（Science of Decision Making）是一项综合性的科学，起源于 1950 年代。

"管理就是决策"，这是一种重要论述。权衡是对两个以上方案的一种选择，而行为是决策目标的过程，也是一种择优的过程。决策时有层次的不同性质，对各类城市的决策应有不同的方法。决策高于计划，要高效、准确、可靠、多方面地来判断。运用现代科技，如计算机、数字技术及网络化等量化的作用使得决策更加科学。管理的失误是最大的浪费。城市建设要在区域、城市发展、土地利用、基础设施、交通诸多方面发挥作用，现代的各种方法使城市建设达到智慧能量。

决策可以是战略性的和战术性的，要有风险机制，要有常规的和非常规的，要有相对的范围，就层次来说要有高层、中层和基层。最高层通常是国家的决策者的要求，如十八届二中、三中全会的决定，对我们来说还有新型城镇化的问题。

决策也是一种实践活动，需要做深入的调查研究，掌握一手资料和分析，再在其上拟订方案。决策要以选出最优方案为前提。一旦决策决定之后要贯彻实施，过程中要不停地跟踪检查，寻求真实结果，即寻求事物的发展规律，开始怎样、未来怎样，在过程中找出规律性的东西。

在方法上，我们要定性、定量，数字化、模型化，找出变量和变量的目标，建立数学模型。这是一项系统工程，包含：线性规划、决策博弈、最优控制、排队等。

决策过程中不可忽略的是人的心理问题。对决策者来说，心理素质、知识结构、工作经历、行为习惯等对决策能力都有很大影响。心理学、社会学都对决策的效率、质量起作用，最终应达到科学化的水平。

本章得到张嫄的帮助。

古语说"工欲善其事，必先利其器"。周围环境变化多端，要知己知彼，在变化的信息中进行判断。决策者的素质、水平、能量至关重要，这些也是人生经验的浓缩，是人类智慧的闪光。许多军事家的大失败就是因为决策失误，应当避免这些。

我们强调市场经济渗透后，同时要强调宏观调控，这是政府行为。宏观调控（Macro-economic Control），是国家综合运用各种手段对国民经济的一种调节与控制，是保证社会生产协调发展的必要条件，也是社会主义国家管理经济的重要职能。在我国宏观调控的主要任务是保持经济总量平衡，抑制通货膨胀，促进大经济结构优化，实现经济稳定增长。实现调控主要运用价格、税收、信贷、汇率等经济手段和法律手段及行政手段。这是一个手段，同时也是一个长期任务。

宏观调控可以弥补市场经济的不足。我们要求共同致富，就要求有宏观调控的职能。它在经济运行中可以干预和调整纳入宏观发展轨道，及时纠正经济运行中的偏离宏观目标的倾向，保证国民经济持续、快速、协调、健康地发展。它的权力机关是政府，它是间接的。

因为市场经济不是万能的，有些领域不能让市场来调节，市场也有其弱点和弊端。

宏观调控的目标是促进经济增长，增加就业，稳定物价，保持国际收支平衡，弥补市场调节的不足。它具有国家统一决策的原则，社会经济发展总体平衡的原则，协调原则，引

导鼓励原则，预期原则。它颁布指引性政策和实施优惠政策，提供信息服务和劝导服务，惩罚违法行为并予以纠偏。

我国在全球经济动荡、欧债危机下处在"两难"境地，即既要保增长又要防通胀。在这两难中要统揽全局，统筹兼顾，实施积极财政政策和稳健的货币政策，同时保持政策的稳定性，避免出现大起大落，要密切跟踪分析国际、国内经济环境各方面发生的各种苗头性、倾向性、趋势性变化，以解决"两难"的处境。

市场经济和宏观调控是双刃剑，要正确掌控好!

21 世纪随着工业化及相关产业的滋生和普及，引发全球城镇化水平的持续提高，全人类再次有一半人口居住在城市地区（中国则在城镇化地区），全球城镇化的时代已经到来。

按"十八大"精神我国将在 2020 年全面建成小康社会。人口众多的中国人，城镇化率若提高 10 个百分点，就相当于整个日本的人口从农村向城镇转移；若提高 20 个百分点相当于整个美国人口的大规模转移。这无疑是人类历史上一次空前的大迁移和大变革，中国的城镇化的发展越来越受到国际社会的关注，这是至今一个时期中国及其对国际经济发展影响较大的事情。世界银行在《2020 年的中国》中开宗明义："当前的中国正经历两个转变，即从指令性经济向市场经济转变，和从农村向城市、工业社会转变。"[1] 2007 年

---

1 世界银行 .2020 年的中国［M］. 北京：中国财政经济出版社，1997.

7月诺贝尔经济学奖获得者、美国著名经济学家斯蒂格利茨（Stiglitize）就预言："影响未来世界经济发展的两件大事，一是美国的高科技的发展，二是中国的城市化。"城镇化不是简单的人口向城镇聚集的表面现象，而是人类社会进步的内在表现。城镇化是个过程：首先是农村人口向城镇转移，在城市中从事非农业工作；再是农村生活方式向城市生活方式的转变，过程包括价值观、态度和行为等方面，既强调人口密度和经济职能又强调行为心理，这是一种互动。

我们在发展和建设上已取得了巨大的成就，必将从数量到质量上做更大的推进，提升可持续发展能力是我们关注的命题。决策是一个非线性的课题。

决策在过去、现在和将来都是人类进步和发展的动因，决策改变了世界，改变了社会和人类自身。我国从中央到学界广泛关注现实矛盾的解决，社会发展水平的评估评价，土地制度、户籍制度、社会保障制度以及相应的工业化、信息化、生态化等等的关系，关注提升农业社会水平，研究其支撑点，如何管理和怎样管理，及其决策体系。我们需要拓宽思路，总结经验和教训。

我们试图从经济、社会、文化和生态四个方面来分析科学决策。

在研究决策之前，我们要确定"城市"的含义。从我国历史上来分析，城郭含有保卫的意思，所谓"筑城以卫君"，而"市"则是指交易的市场，指贸易活动。

从经济上分析，我国由计划经济向市场经济转型，包括从城市的经济增长、城市的规划和土地利用、市政基础设施和投资、融资、体制等方面的决策历程，所以形成了"城"和"乡"的二元结构。人们被归为城市市民和农村的农民，在相关政策等方面都有差别，且生产的价值也产生差异，是为一种剪刀差，加上户籍制度，分割了二者的身份。城市，反映了一种起源，反映了早期城市的作用，即防卫和交易，城市中有管理的官署。这样城和乡就有了分工，有了区别，在私有制中表现为对立的关系。乡村为农业生产，一般我们称之为第一产业，工业革命后工业生产成为第二产业，而服务业则为第三产业。

除单个城市以外还有城市群和城市带。城市群（Conurbation），是指一定的地域内，规模职能不相同，但彼此密切联系而又相对独立的若干城市和城镇。城市群有几种情况：一种以大城市为核心，周围伴有若干个中小城镇，成为大城市集群区，如巴黎、莫斯科；还有一种以规模相仿的几座城市为中心，形成带状或块状的城市群，如我国的苏锡常地区和德国的鲁尔区。

从城市的形态来讲，城市实质上有一种临界状态，即在一定容量中保持人们的宜居：人体、环境、城市机能都保持合理状态。在这个容量中包括人口、工业、环境、用地、交通、建筑等综合的城市元素。

其中的一个要求是城市的生态系统（Urban Ecosystem）

及人类活动与周围环境相互作用形成动态的平衡。将城市作为一种能量流、物质流等各种相互关系的整体，使之建立一种稳定的生态关系，这主要取决于对系统结构的改善和功能的调节。合理、科学的生态系统应当是稳定的生态关系，且是相互调节的。以南京市为例，南京城市中心区约有 400 万人口，东有紫金山，西为江心洲，为"绿色"环绕。为保护南京具有健全稳定的生态系统，要有合理的城市结构，最大限度地发挥其特色和功能。因此，南京周边不宜建高层建筑，周围的小洲也不宜建商业住宅区，这样会使良好的生态、城市的"肺"遭到损害。要控制好特大城市的发展，不能无限制地向周围蔓延，虽然城市规划中有所谓的"楔型绿地"，但要使其达到科学的平衡，使生态系统合理化。大城市发展要有严格的控制，要在控制中发展，在发展中提升自己的生态要求，要充分发展其周围的中小城市，并提升其功能。我们要使城市的发展、建设可持续且有转换的可能。经过几十年的发展，我们国家有几十个资源枯竭型城市没有可持续循环发展的企业和经济，如淮北市、山东枣庄市的台儿庄，而后者则转型了发展旅游业，使城市继续有了生机。我们要十分关注"城市体系"（Urban System），内向的城市可以相互依存，共同生长和发展。

不论怎样，长期存在的二元结构成为城市市民和农民之间的一个大门槛，在乡镇、县镇这个矛盾不突出，而发达的大城市或发达地区县级市由于有大批农民涌入而使这一矛盾日益突显。例如江苏苏州地区的常熟县级市，人口为 150 余万，而其中外来人口达到了 100 余万！从 2012 年起常熟外来人口获批可以办理城市居住证，从而解决了这一矛盾。

但是国家近年来颁布的新型城镇化政策是要严格控制特大城市的人口。我们应采取因地制宜、差别化的处理户籍人口问题。应该加强中小城市的发展，使它们的各项设施水平达到要求；应该加强中小城市的建设，通过产业转型提高各项设施水平，使其成为宜居的城市，使城市更有活力，更舒适。宜居是条件，达到宜居，才能获得应有的幸福指数，农民就近可以自由选择地来到这些城市，包括乡镇和建制镇。我们要使农民有自由选择权，就近进城。

加强西部地区中小城市的经济发展，包括提高乡镇、建制镇的建设水平，完善它们的福利设施、医保水平、基础设施，提升工业化的发展，做好县域规划、城市设计和建筑设计，做好地方的公共、工业建筑设计以及发展为农民服务的企业。从整体上、体系上、结构上自下而上地解决问题，我们所谓的户籍问题才可以逐步迎刃而解。这是城市发展和建设中科学决策的重要环节之一。

我们的工作离不开生态，更离不开控制和保护，对地方的企业甚至作坊、小商业、手工业都要关注到。这是一项系统的体制建设、一种制度建设，全面而整体的建设最关键的是我们的科学决策应建立在实处。

我们应将城市的基本要素和非基本要素及相关的农牧业

都囊括在内，以人为本，包括儿童的教养，使幼有所托，中央和地方加大投入，这才是科学策划的根本和基础。

要根据地区的经济、自然特色，对基本要素——如教育、卫生、服务、体育、市政，以及本地各种因素、文化娱乐、休憩设施和党政机关、群众团体的各种设施做出近期、远期的规划，落实投资。我们要把它们看成是一个大系统，用系统分析的观点和方法，对组成经济社会结构的各个子系统，在科学分析和调查研究的基础上做出分析、评价和预测，为城市发展的目标提供可靠的依据。

我们对决策要有科学全面的认识，根据现实，预测未来，确定行动目标，并有时间上的思考。

我们要有战略决策，即对总体目标作出决策，是全局性、长期性、战略性的。我们的工作程序化，涉及面广，不可知因素也多有一定的风险性，它是一种整体的系统的谋划。还要有合理的秩序，研究要自下而上，也要达到自上而下。

决策也是一种对策，是人们有目的的思维活动，这是人类自身的特有能力，不论在政治上、思想上还是军事上都有许多相关著名的论著。它同样也是哲学的科学分析。我国古代的《孙子兵法》，汉末三国诸葛亮三分天下的谋划，司马迁撰写的《史记》上的论述，至今仍有启迪作用。决策是智慧的积累，是智慧、情感的充分发挥，历史上的成功的决策都是当今宝贵的财富。

决策学在 20 世纪初开始形成，特别是第二次世界大战后，决策科学化的问题逐渐突显起来。决策学吸收了行为科学、系统科学、运算科学等学科的成果，综合而形成，它和未来学常常有联系，它们是现实的又是理想的。今天讲的中国梦，真正做到富民强国，事实上也是一个决策科学的理想，这是党的十八届二中、三中全会的一项伟大决策。决策是要实践的，是最有可能管理的，是要实行的。美国著名的经济与管理学家西蒙（H.A.Simon）指出"管理就是决策"。他提出了决策在现代管理中占有核心地位，决策学研究决策的范围、概念、结构、原则、秩序、方法组织及其应用规律，使决策适用于社会经济、生活和工作各个领域中去，适用到企业、教育、科学研究的管理和经营中去。

遗憾的是有些城市管理带有许多盲目性，城市的乱建、违建时有发生。如几年前南京城南有些古民居，有相当的历史价值，但是被写上了一个"拆"字，我们说这是"拆了低碳建高碳"。有些管理者崇尚业绩和标志性，管治地上看得见的，却忽略地下看不见的，待到排水排不出去，城市变成了"大浴缸"。如北京市 2012 年夏天的暴雨造成城市内涝，使北京蒙受巨大经济损失，79 人因暴雨死亡。又如近年来的雾霾天气，覆盖面广，南京的禄口机场受雾霾天气影响，航班经常延误。国家、地方要治理环境，不得不拆除一些钢铁厂和水泥厂，但仍有其他相关工厂开工，这种误判导致巨大的浪费。这些都与策划有关。

决策要有始有终，要不断总结，使我们的智慧更上一层。

我们要在集体民主下进行决策，再由总决策者下总的决定，这是民主集中制的表现。决策是有风险的，我们要尽可能地做到科学合理，在每个步骤上加以观察，使决策动态和静态达到预期的效果。

我们提出决策要达到的目的的量化和计量，在整个系统工程中，它要通过信息谋求外部环境之间的动态平衡。

摆在我们面前的事物越发复杂，在国际环境和国内环境的多格局、多样化、多变化之中，我们应用多种科学，运算学、计算技术、概率统计的方法定量的分析，要运用模数化、优化、博弈等知识以提高决策的科学性。

决策的重要一环是经济的投入，人才的使用和相关设备、原料、技术的利用可以增强其可行性。

那么怎样形成决策？决策有三个步骤：确定决策目标—概念方案—实时反馈。

反馈有终结反馈和过程反馈。过程反馈可以不断把握，使之顺利达到目的，达到预期效果。过程反馈强调一种跟踪性，以达到及时纠正。

决策就是管理，表现出管理者的能力和功能以及其行为。决策科学涉及众多旁系学科，如统计学中的统计决策论（Statistical Decision Theory）、组织管理学（Organizational Management）等等，这些理论是资本主义制度下形成的。而当今在中国共产党的领导下，在有中国特色的社会主义制度下，我们在科学决策中走出自己的道路。我们的决策应当是以人为本，科学发展，在重大决策中管理者、专家、群众参与相结合。

我们讲决策是过程的决策，即开始怎样，终极怎样，探求规律性的东西。

我们讲决策是科学的历史辩证的决策。

决策学是一种时间的科学，实践检验真理，各行各业都要关注策划。

城市科学是近年来一门新兴的交叉发展的学科，是一门多学科结合性的科学，也是在多专业定义基础上的前沿科学，城市是一个多功能、多层次、高度综合的复杂的有机体。我们需要整合，多方位的滚动地进行研究，跳出各自的学科，相互协调，使城市良性循环，达到生态的要求，使城市和谐、宜居，使城镇化发展有序，在生产上循环发展，使人们生活富裕。这是我们的方向。

我们讲科学的策划首先要对中国的城镇有全面的理解。1949—1957 年，是我国城镇化短暂健康发展时期。1958—1965 年，我国城镇化建设盲目追求高指标，脱离国情，工业化脱离农村发展这个基础，呈现一种不真实的爆发式的增长，这种一度被掩盖的过度城镇化是与国民经济相脱节、相矛盾的。之后，伴随国民经济的全面调整，针对虚高的城镇化实行了大幅度而痛苦的调整，这是一次大幅度的波动。1966—1976 年，在"文革"期间城镇化建设是倒退的，经济受挫，进程停滞不前，加上对国际形势估计得过于严重，在西部开展了备战、备荒的"三线"建设。工业布局上采用"山、散、洞"方针，工厂进入山洞，城建不考虑自然，一味求分散。提出保持高积累，又提出先生产后生活，压缩城市建设比重，新设城市极少，建制镇也减少，城镇化水平长期徘徊不前。那时把投资都投向西南、西北等地，形成一批新型工业基地和新兴工矿城市，客观上起到调整工业布局和促进内地城市发展的作用。

1978年实行改革开放后，城镇化和城市发展与建设走入正常的发展道路，走出了倒退、停滞、徘徊的困境，走入健康之路。1978—2000年全国城市数量从193个增加到663个，建制镇从2173个增加到20312个，城镇人口由1.7亿增加到4.36亿，城镇化水平由17.9%增加到36.1%，表现出很大进展，至今城镇化率已超过50%。

我国城镇化有如下特点：

（1）城镇化发展初期进程起点低，波动大，进度较慢。起始强调重工业，但吸引劳动力少，对人口众多的国家来说吸引能力弱。而在农村中在一段时期内采取"离土不离乡"策略，产业布置分散，农村地域转换滞后于农村剩余劳动力职业转换。

（2）城镇化的动力机制以二元模式为特征，又出现了二元模式向多元主体推动的转变趋势，二者实际上是自上而下型和自下而上型的城镇化发展模式的表现。二元模式是自上而下型，是以政府（尤其是中央政府）为主体推动城镇化。这曾是我国城镇化的主要模式，是强有力的经济、法律、行政手段，尤其是以政府所在地作为投资的主体。政府向居民提供粮食、住房、就业、医疗、义务教育等一系列相关福利，必须通过户籍制度来限制人口向城镇集中，所以城市往往有政治、经济中心的双重功能。城市常有投资项目而快速发展，但是也有一定程度的大量失业人口和贫民区出现，同时还造成城和乡的隔离。1980年代有条件的县成为"市政县"，也推动城镇化。政府出于自身的需要迅速或严格控制城镇化的进程，其根本是资金掌控在城市中。农民和乡村集体自筹资金发展乡镇企业，使乡村人口向乡镇集中，这是乡村城镇化的发展模式，是为自下而上型的城镇化，如苏南地区的苏南模式，这种发展模式在经济格局中有一席之地。但由于亲缘式的乡镇企业布局分散，难以组织人口大量地集中，从而限制了城镇化的规模，不仅占用土地，而且产生污染。地方政府在一定条件上可以向银行贷款，有一定的审批权，圈地设立科技园、开发区，给土地资源也带来了严重浪费，某些地区还形成了"造城运动"，产业结构趋同等一系列问题则被忽视，这也影响了城镇化。企业改革深化，现代企业逐步推广，企业越来越成为市场的主体，客观上也会影响城镇化的进程。如在广东东莞形成了"前店后厂"模式，在温州一带由私人企业经营，各自领地上又形成"温州模式"。加上城市向周围延展，直至郊区成为开发区，如大连市，又是城镇化的新动力。城镇化呈现一种"W"形曲线，波浪式地发展。

我们讲城市发展中的科学决策，呈现了城镇化的多种现象，与城镇化相反的是城市大工业迁移表现出郊区化的趋势。

住房制度改革后，富裕农民也可以在城市中买房、买车，自然在城市郊区集中，甚至外省人口跨地区进入大城市，如北京通州吸引了内蒙古地区的人口。他们有房、有车、有店，但却没有户口，这批人占有一定数量。1990年代出现政府、企业、个人多元主体共同推动城镇化的态势，把城镇化进程引入市场机制和政府的宏观调控中，充分调动各方面的积极性，同时又相互制约。动员社会的力量，全面推动我国的城镇化进程，促进大、中、小城市协调发展。在城市人口流动上有农村人口进城，城市人口回流，出国人员增加，再有出国人流回归。

（3）我国城镇人口在增长的过程中有乏力下降的态势，需要进一步探索。

（4）城镇化滞后工业化的进程，各种产业并非齐头并进，产业要转型和提升，并非同步的，这是相对而言的。

（5）由于地区经济发展不平衡，区域存在差异，沿海14个城市和长江流域率先开放发展，使我国的城市发展格局呈"T"字形，使城市的区位功能存在差异，这种不平衡性表现在相当长的一个时期内。

我国城镇化长期实行城乡分离政策，户籍制度存在限制，采用苏联的发展模式：以计划经济为特征，高积累、低消费，牺牲农业保工业，所以城镇化相当薄弱。"大跃进"走了弯路，

"文革"又造成极大破坏，我国城镇化走了一条极不平凡的道路：重城轻乡，重工轻农，又排斥市场经济，影响了决策。城乡差别制度化，加上"以农哺工"，压消费保积累，使经济陷入高成本、高速度、低效益、低活力的循环。农业劳力被困在有限的土地上，农业人口基数产生极大的负荷。改革开放之初，我国的城镇化率仅17.9%。改革开放后，城市数量提升，城镇化率快速增长，农业人口参与城镇化，一旦释放，大量涌入城市，在市场经济下，还需要政府的调节。

快速发展又带来了诸多不足和弊病，如何解决？我提出"观念的城市"，即城市化的"梦"，也就是十八届二中和三中全会提出的两个百年的"梦"。城市化的人要有素质和质量，懂得了"稳步"和"前进"的关键，这样才能走上健康的道路。稳定压倒一切，求得安宁、和平建设极其重要。我们认识到实现两个百年的梦想，要有领导，要有组织，在经济结构调整上还要花力气，要强调整合，相应的科学教育都要跟上。

我国这样一个大国，有诸多矛盾：（1）人口众多，超过13亿。（2）可耕地有限。（3）资源缺乏，如燃料、水资源。（4）发展极不平衡。（5）体制上存在不足，认识跟不上。土地的使用和科学的分配，及所产生的土地经济，资源和市场的组织，都是我们所要慎重思考的。政府职能需转变为服务型、学习型、创新型，以解决诸多矛盾。

全球气候变化和经济衰退也极大地影响了我们，引进来

和走出去，扩大内需，进一步加深了亟待解决的体制和环境（自然）间的矛盾。雾霾的肆虐直接影响人们的生活，反过来要求我们治理曾经为社会经济发展做出贡献的重工业，加强资源管理和对污染危害的认识。我们要走有中国特色的社会主义道路，要注重产业结构，注重控制与保护，在发展中保护和控制，在控制中前进，总结国内外经验和教训走上自己的康庄大道。

中国华夏民族是有智慧、有情感的民族。我们要懂得服务业的重要性、行政化的重要性，我们要从深入群众活动的教育中去解决矛盾，切实做好改进工作作风、密切联系群众的八项规定，强调效益，强调我们的社会主义核心价值观、资源观与环境观。

我们的快速发展大大地影响了世界，我国已成为一个有影响、有地位的大国，这也要求我们要探求科学的决策。事实教育我们要实事求是，一切从实际出发。

我们面临着许多复杂的问题，政府决策要科学，管理者要深入基层、深入到群众中去解决矛盾。

我们平稳地转型，改革落地了，这是一个巨大的胜利，是走中国特色建设社会主义的伟大胜利。

市场和计划各有各的作用，有市场不要排斥计划，深化市场，促进经济的发展，经济的发展使城镇化达到预期的目标，这是一种辩证法，我们一定要朝"十八大"及新型城镇化的道路前进，我们讲宜居也是其中的一部分。

事物的发展是在多种因素不断演化中进行的，在求变化中有其主要矛盾，有控制和发展，有整合和调整。计划经济的调控和渗透的市场经济都要硬，取得共同的稳定和平衡。

在复杂的形式、多格局中，有相当的随机性。我们要分析判断，遵从科学的选择，我们要不断地总结经验，更全面完善地发展。

决策学是哲学辩证法，是谋略、智慧的结晶。审时度势，谋为根本。决策学是决定群体活动智慧的集中，所谓当机立断，不失时机地推进国家的发展。

最后，人才是万物之灵。

2 转型中的城市

Cities in Transformation

图 2-1　澳大利亚墨尔本城市绿地
Figure 2-1　Urban green space in Melbourne, Australia
图片来源：http://www.chla.com.cn/upload/2009_01/
09010910057459.jpg

　　学习"十八大"精神，全面建设小康社会和基本实现现代化是建党和建国两个 100 年追求之梦，我们研究宜居环境也有一个任务，就是城市的转型，用"倒过来看城市的观念"来分析。

　　首先是执政的理念要转变，除关注 GDP 外，更要关注民生，切实提高人民的生活水平。

　　再是生产的方式要转变，从粗放型转向集约型，按照资源节约型、环境友好型要求，节能减排，应对全球气候变化，转变经济增长方式，实现经济的可持续发展。

　　三是政府的职能要转变，要把市场经济的无形之手和政府调控的有形之手有机结合起来，要建立公共服务型政府，让更多的改革成果为全民共享。

　　改革开放之初，邓小平同志提出让一部分人先富起来，但怎样走向共同富裕，就要进一步在分配上使广大人民群众得到福利。但是在这个发展过程中出现诸多问题，必须用政策、法律加以遏制。我们走过的这段路，需要反思。

　　转型中的城市有以下几点需格外关注：

　　（1）产业结构的优化和调整；（2）城市建设规模的控制；（3）城市服务功能的提升，包括福利设施和应急能力的保障；（4）改变规划思路，增强生态意识，从规划管理上做起，更加注重绿色设计与技术；（5）增强宏观和微观的规划设计。

　　时代进步了，新科技、新材料以及生态绿色技术正在改变我们的生活，地下交通和信息化改变了我们的工作方式和生活方式，它影响了整个城市的形态、规模和性质。

　　在城市规划总布局上宜将产业区和居住区相融合，无污染的企业可以

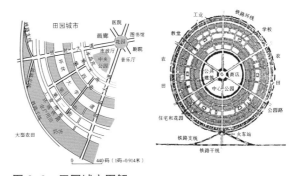

图 2-2　田园城市图解
Figure 2-2　Garden city diagram
图片来源：http://www.zhulong.com

与居住小区相对集中，城市干道系统应成为绿色通道，与大公园、小游园互相串联，并与城市的水系两侧绿化相衔接，构建绿色网状。大城市的圈层要重视绿色围城，城市形态是多样的，但绿色总是至关重要的，它是城市的"肺"。

澳大利亚墨尔本的第一位总督，将中心绿地设在中心区，使人们可以穿行于繁茂的绿地（图 2-1）。如果设想我们的城市有成片的中心绿地，而公共建筑夹在其中，那整个城市不都宜居了吗？我说"倒过来看城市"，也即从绿色生态系统出发来组织空间、组织城市。最早的理想城市"田园城市"（由霍华德提出）（图 2-2）也即如此，人与自然共生，社会与绿色共生。

城市的道路是城市的骨架，上有交通路面，下有各种管道，如上下水、通讯等等。所以理想合理的道路宽度是交通的关键。试举例而言，法国巴黎的香榭丽舍大街（图 2-3）自凯旋门到协和广场约2公里，道路宽度120米，10车道，是为著名而壮丽的大道。其一端是绿色的树荫，是为绿色的通道。这条道路是条轴，根据其城市规模大小来确定其大小。有主次道路，可以相对合理地减缓交通拥堵的程度。

城市转型最大的演化是经济的提升和生态文明建设，为此，我们的城市的规划设计也要以绿色设计为主。

体制、经济、政治上的各个方面的转型对城市而言，同样重要。改造、改善、更新，是城市的新陈代谢，城市表现为发展和控制的两面。逐步放开城市户籍，发展中小城市，使之吸引人口，使农民就近进城，便于照顾老人和孩子。同时发展大城市就近县城，又可使大城市的人口得到缓解。转型中的城市，特别是特大城市和大城市一步步地扩展，随着中心区人口的降低，增加绿色，应用"加法"和"减法"，使之融合。

图 2-3　巴黎香榭丽舍大街
Figure 2-3　Avenue des Champs Elysees, Paris
图片来源：http://pic11.nipic.com/20101107/3970232_1
13719033898_2.jpg

3 "四种人"的城市

Cities for "Four Types of People"

图 3-1　南京中华门及古城墙
Figure 3-1　Zhonghua Gate and the ancient city wall, Nanjing
图片来源：http://www.book-hotel.cn/date/200902/4190.html

城市是属于全体人民的，当然也包括它所属的农民，只要它存在，它就属于全国人民，只是它的位置、规模、性质不同而已。

每个城市的发展都有它的由来，它的开始和过程，也可影响它的未来，不同人对城市有不同的认识，可以是合一的也可以是独立的。

这里我说了"四种人"是指对当前情况下的剖析。一种人是学者，学者喜欢从来龙去脉来说城市。如南京有据可查，汉末三国孙权建都时称"建业"，而后称建康、白下、金陵、南京等。它曾为六朝古都，明太祖依地形而建高城墙，中华门等城门和古城墙就是它遗留的印迹。学者研究城市物质形态的变化，研究民俗、地方土特产等非物质文化。可以看出城市是一个变化的大地博物馆，展示了过去，也展示今天。

一种人是城市一个时期的管理指导者。管理者分层次地管理下属的区、街道等，在任期内可以策划、决策、规划以致指导设计，建设城市，改造城市，更新城市再生。这是管理者的权力，也是义务，他们可以影响一个时期或相当时期的城市格局、城市道路的肌理、城市基础设施水平，以及城市的发展方向。管理者领导相关的经济、政治、科技、文化等诸方面影响着城市的发展，如北京的古城墙被拆掉了，而南京的古城墙（图3-1）得到了保护，这和当时学者的建议有关。这些都与对历史的认识相关联。南京的中山北路是为了运送孙中山先生的灵柩至下关码头开辟的道路，至今80多年过去了，其肌理的痕迹仍然存在，保护肌理也是一种保护。南京城南是密集的老民居区域，有众多好的四合院和个别花园，俗称门东、门西，可惜搞房地产开发，"拆"字当头，几年间都拆了，至今仍是个问题。开发商为了取得高额的利润，必然要提高建筑的高度和层数，其所谓再建也是别样的风格了。

按照党的十八大和十八届二中、三中全会精神，加快转变政府职能，将政府转变成服务型学习型政府，政府官员们切不能盲目地指点江山、号令城市，不要一个时期一个主张，更不要为自己的业绩贴标签。

政府的收入主要依靠纳税，既然如此就应为纳税人服务，且要以科学的以人为本的思想来行事，对待城市的发展更要慎重。

城市的圈地、批地中央有严格的控制，并有一定的指标。我们的土地以挂牌招标的形式出售，得标者发展地产，但是与此同时要解决贫困居民的住房问题，建设大量的经济适用房和廉租房。

城市中的第三种人也即是房地产商，他们手中有资金贷款，用竞拍来的土地建造住房和相应的配套设施。住宅的房价也无形中揭示了国家的经济发展水平。

房地产在建设城市中起着重要的作用。房价的涨落影响国家的经济，虽然有调控，但仍存在供需的矛盾。

房地产的利润、房地产与政府的关系都是人们关注的。

城市中的第四种人是群众，包括外来务工人员。群众是使用城市的各种设施的多数，虽然他们是被领导者，但城市优劣与他们有实际关联，他们关心城市各种矛盾和存在的问题，因而最有发言权。他们是使用者，也应是监督者，是城市的基本。执政者要为全体人民服务。城市用水、卫生、饮食供应、食品安全都要政府监管。群众最有发言权和监督权，尤其应对执政者的优劣、管理者的水平最有发言权。同样，群众对房地产的建设也应有发言权，如建筑的品位，住宅是否适宜生活、工作和居住，价格是否合理等，这些因素对他们有直接或间接的影响。所以群众的监督是城市管理重要一环。群众十分重要，他们是重要的参与者。

至于房地产商的利润则要合理。房地产开发本身是一个复杂的环节，要认真施工，不能以偷工减料来获利，更不能以假冒伪劣来充数。

四种人的城市只是自己的一种提法。在市场经济下，上述四种人是相互关联、相互制约、领导和被领导、参与和监督的关系。我主张执政者要谦逊，要到群众中去做深入地调查研究，而老百姓也要关心社区，关心国家大事，敢于提出自己的建议，即使错了也不要紧，因为城市是大家的，是人民的。

只有同心同力才能把有中国特色的社会主义建设得繁荣富强，把城市建设好。

4 地区与城市

Region and City

1985 年

2000 年

图 4-1 长江三角洲地区的城市发展
Figure 4-1 The urban development of the Yangtze
River Delta
图片来源：http://wt.zjzszx.cn/imagematerial/upload/
dl/L4GLO68K8L5IDSXB.jpg

现代城市之间的关系与传统城市之间的关系不同，它们在时间关系上联系得更为密切。更由于经济、科技、文化的影响，它们实际上已成为地区上的城市，而交通信息上的便捷使城市之间，尤其是发达地区，联系更为紧密。这是由城市的现代化所致。

国家发改委关于《苏南现代化建设示范区规划》的通知阐明了现代化与城市的关系。

苏南地区包括南京、无锡、常州、苏州、镇江五市，处于长江三角洲核心区，面积 2.8 万平方公里，2011 年常住人口为 3284 万人。该地区是我国民族工业的发祥地，也是我国经济社会最发达、现代化程度最高的地区之一，肩负着率先基本实现现代化的重任，在全国现代化发展中具有重要的地位。

苏南地区人均生产总值超过 9 万元，是全国平均水平的 2.6 倍。而农业生产效率也相当高，已初步形成现代农业体系，信息技术、新能源、新材料等产业都在全国占有重要地位。社会保障体系覆盖了城乡居民，目前城镇化率已超过 70%，中心城市的作用居全国前列。县地域经济有 7 个处于全国县城前列，如昆山、江阴、常熟等。

苏南的经济发展与位于历史上鱼米之乡之地有关，人称上有天堂，下有苏杭。这里集中了人才，处于改革之腹地，靠近经济发展的龙头上海，受到上海的经济技术的辐射（图 4-1）。苏南起步依靠发展乡镇企业，把企业设在农村，就近务工、务农，依靠优惠政策，经济很快增长，加上受益于上海退下的熟练工人，有技术、有工厂、有务工，很快支撑起生产加工的半边天。商品交换也大大繁荣起来，原来是几日一市，现在天天为市，

本章参考了江苏省住房与建设厅提供的有关资料。

大大地促进了商贸的发展。

　　经济辐射的影响大体上表现为常州以东受到上海的影响，而常州以西受到南京的影响。长江的水道是通航的大水道，宁沪高铁、动车提速后大大缩短了时间和空间概念，从南京到上海，现在仅需要1个多小时。上海是国际金融、商贸、高新技术的基地，科技力量十分强大，它的经济辐射到南通及苏州近郊的昆山，市区和郊区混合在一起。值得一提的是苏州周边的县级市经济能力也十分强大。

　　在这个示范区内有环保模范城市14个，国家生态城市（县区）17个，生态乡镇176个，生态工业示范区7个，区域内的交通、能源、水利、通信等基础设施比较完善，社会和谐稳定，人民安居乐业。医保、劳保几乎在城乡全面覆盖。

　　由于交通便捷，从中国台湾地区以及海外来的富商在此投资建设，引进比重占全国的13%~18%，这里是跨国公司的重要门户区。

　　这个示范区是文化科技集中区，也是密集区。以南京为例，南京有院士87人，占全国的第三位，也是高校集中地段，涵盖了各个学科，南京大学、东南大学、南京航空航天大学、河海大学、南京林业大学、南京师范大学、南京农业大学等都是国内知名大学，享誉海内外。

　　就地区文化而言，苏州是吴文化的发祥地，有2500年的历史。而南京则是六朝古都，历史古迹、遗迹甚多，也是国内外旅游的好去处，旅游业在国内和国外都有相当的影响。

　　为全面实现小康社会，建设有中国特色的社会主义，为把我国建设成为一个国家富强、人民幸福的国家，要求我们深入地探索。

　　（1）探索新经济发展模式，进一步提升经济社会的发展质量，在更高层次上加快区域发展模式。

　　（2）有利促进长江三角洲地区直至东部地区提升综合实力和国际竞争力，为中西部地区提供更大的发展空间，推动全国区域协调发展。

　　（3）加快推动科学发展，加快转变经济发展方式，实现共同富裕和人口全面发展，为我国中等收入经济阶段提供示范和借鉴。

　　（4）有利探索社会主义现代化建设一般规律，推动我国现代化建设"三步走"的战略实施。

　　（5）共同致富就要求加大发展力度，发展必须从实际出发。各地区的发展一定要结合自身的实际状况作出判断，从而进行实践，因为实践是检验科学的标准。

　　我们需要借鉴国际的先进经验，同时根据我国实情，着力推进经济现代化、城乡现代化、社会现代化、生态文化，促进社会的全面发展，建成自主创新区、现代产业集聚区、城乡发展一体化的实行区、开放合作引领区、富强文明的宜居区，使之走在全国的前列，为我国实现社会主义现代化积累经验。

我们的原则是先行先试，开拓创新基于实践。创新发展理论，破解发展难题，提高发展的质量。要瞄准国际前沿，借鉴先进经验，提高标准，使经济发展方式有根本的转变。

改革示范方向，包括以下几个方面：

（1）经济现代化方面：优化产业结构，使产业向集聚化、高端化、国际化方向发展，提高国际竞争力。

（2）城乡现代化方面：完善城乡发展的体制和机制，促进城乡合理分工，优化城乡资源的合理配置，实现城乡发展一体化，为全国城乡的协调发展提供示范。

（3）社会现代化方面：改善人民生活，发展社会事业，实现基本公共服务均等化，创新社会服务管理，激发社会发展的活力，传承和发展优秀文化，建设诚信社会，为全国构建和谐社会提供示范。

（4）生态文明的建设：建立经济发达、人口稠密地区生产建设与环境保护新模式，形成绿色低碳、循环的生产生活方式，为全国建设资源节约型和环境友好型提供示范。

（5）建设政治文明，依法规范公共权力和保障公民权益，不断扩大民主参与，健全全民民主决策机制，发展更加广泛、更加充分、更加健全的人民民主为全国民主法制提供示范。

在建筑文化方面，我们国家有着传统的建筑文化。长期形成的独特的建筑风格，在世界建筑文化上独树一帜。1840年以后，我国沦为半殖民地半封建社会国家，外来建筑文化，当时的西方新古典主义，从沿海、沿长江一带传入。折中主义的建筑文化，满足了新的功能，如百货公司、银行、旅馆、体育场等等，在各地如哈尔滨、青岛、大连、上海和广东等都有所表现。苏州古代是为吴文化，而南京则是南北方文化交汇之地，扬州素有"南方之秀，北方之雄"之称。南京曾为国民政府的首都，有民国的文化优势，如老一辈建筑师传承的中国新古典主义的现代建筑，形成了多格局的建筑文化。值得思考的是各城市的文化怎样做出特色？这需要在现有功能、材料、施工技术上有所创新。

在转型期间我们要认识、保护、发展城市特色，如长三角地区有环太湖的乡镇风貌，苏州一带的"小桥流水人家"，南京一带的秦淮文化及山丘风景特色等等，而其最具有代表性的是江南园林的民居及其咫尺山水。无锡则呈现典型的吴文化特色，如今由于民族工业发达，有"小上海"之称。

我们讲提高城市化率，就是将农业人口转为城市人口的同时，提高他们的素质、品位，使人们受到良好的教育，持续地学习，使物质形态和精神形态取得双赢，使古今中外优秀文化被继承和发扬。我们要重视农村孤寡老人和留守儿童问题，使他们得到保护和生活上的应有保障，建立城乡完整的保障体系，使其老有所养，幼有所护。

随着城市化的推进，大批农民进入城市，要逐步完善户籍管理制度，落实拓宽中小城市建制，使农村人口有序地向建制镇落户，使农民工及其子女接受平等的充分的教育以及享受相关政策。要重视就业问题，重视住房和医疗保障问题。

转型的关键是思想的转变，且在实践中转变，我们要借鉴研究发达地区的已经取得的成果，首先是：

（1）这个地区为什么成为最发达的地区？

（2）这个地区人口密度如何？

（3）这个地区的生产给环境带来了多少矛盾。现今环境如何？

（4）环境的污染、水的洁净度如何？

（5）交通道路压力如何梳理缓解？

每个发达的现代城市都是经过产业的变更提升而发展起来的，它的生长、存在、成熟有它自身的主客观原因，我们要从中找出规律：有的是由于它有资源，有的受到原有产业结构的变化影响，有的接受特大城市的辐射，极有条件引进外资企业，有的处于交通枢纽及交通信息的交叉地段，有的因于自然地理的有利条件，有的拥有所在城镇的工业基础的多样性，也有的因文化科技因素使城镇发展。它们各具特色，获得了稳定的居民。

在长三角这样的人口密集、发达城市连绵、经济发展强势、人均收入向发达国家水平迈进的地方，势必需要进行新起点新整合。

（1）要有强势的领导来把握这块示范区。因为在经济上，从常州以东受到上海龙头经济辐射的影响，要统一整合必须强势，而区域内的南京、苏州又是各自的独立体，整合的关键也在于领导。

（2）地区的发展虽然快速，但环境污染还要整治，如太湖的水污染，又如长江的水源虽然仍继续存在，但其生态环境已有破坏（图4-2）。

（3）"大城市病"频发，例如交通拥堵，废弃排放，人口密集，某些设施难以齐全，城市的防灾能力有待加强，雾霾天气时有发生。

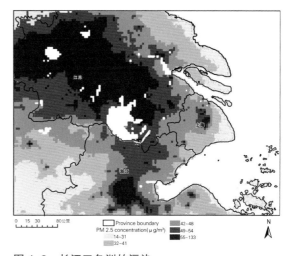

图4-2　长江三角洲的污染
Figure 4-2　Pollution of the Yangtze River Delta
图片来源：http://i.imgur.com/yeka4.jpg

图 4-3 镇江绿地系统
Figure 4-3 The green space system in Zhenjiang
图片来源：http://www.nipic.com

图 4-4 南京绿地系统
Figure 4-4 The green space system in Nanjing
图片来源：http://cn.bing.com

（4）加强绿地系统的科学组织，使更多的绿地镶嵌在城市中心区，力争城市大地绿化。南京、镇江有较好的城市绿地系统，镇江是一个多山丘的城市，又濒临长江，可以成为一个典型的山水城市（图 4-3）。南京有中山陵（图 4-4）和玄武湖，它们是城市的"肺"，加上八卦洲构成绿色系统。而苏州的新区和工业园区形成无缝对接，致使绿色系统难以完善，加上工业园区在金鸡湖，四周高层林立，致使远郊西山绿色景观被阻挡，环境难以改善。

（5）调整地区的空间组织和结构，规划好地区间的道路与绿色系统。环太湖地区的山林及周边村落应加强绿地指数，严禁污水排入太湖，使地区呈现蓝天碧水的景色。

（6）在通勤方面要尽快地解决所有地区内的通勤效率，使任意通达时间在 1.5 小时之内，同时提高网络通信信息能力。

（7）各大城市也要提升自己的品位和质量，提高城市各项设施特别是基础设施的水平。

（8）节能减排、低碳是重中之重，工业要达到环保标准，在关、停、并、转等措施下，某些工厂要搬迁，以改善环境。

（9）我们提出探求宜居环境，但是即使是相对发达的地区也存在各种矛盾，仍需要一个时期来解决，况且新的矛盾还在不断出现。我们总是在克服困难中行进，从过程中发现矛盾，从实践中去解决矛盾。这是我们总的要求。

5　房地产与城市

Real Estate and City

前述"四种人的城市"提到房地产，在日常生活中人们都关心房地产及其行为。政府出台调控房地产的政策，但利润的膨胀致使房地产困惑，成为社会重要矛盾之一。

房地产是指房产和地产的总称，包括土地和土地上永久建筑物及其所衍生的权利。建筑物在固定土地上建筑，建筑物地上、地下空间是为不动产。土地、建筑物结合成为商业贸易的主要组成部分，同时也是一种投资方式。土地及建筑物的优差成为一种价值的走向，城市中心区价值最高，而城市郊区价值就较低。

一般情况下贷款占房地产资金总额的19%，利用外资为1%，自筹资金为38%，其他资金为42%，房地产的价格与土地拍卖的价格有密切关系，这都随时间而变。

房地产由于主要要素建筑物、土地和基础设施不可移动，被称为不动产。有土地、建筑物、房地合一三种形态。这三种形态，其一为土地使用权；其二为建筑物及其权益，其受到政策影响，保值增值，具有不可移动性、使用的长期性，并有相应的权益；其三为前两种形态的组合。但房产可以传承、拍卖、转让，所以有它的多样性。房地产由于建设量大、规模大、投资多，有上涨和回落，有哄抬，也有调控，在社会上是一个热点话题，好比股市一样。

建筑建在土地上，而土地是由政府每年限额出卖的，俗

称土地经济，土地出售的资金用于国家和地方进行各种设施的建设，如同税收。房地产建设和房地产商有密切的关系，共同为建设事业作出贡献，但同时某些环节为腐败提供了条件，所以官员廉洁奉公至关重要。

在城市中我们按土地类型略作分类，可以分为：居住用地和公用设施用地，包括商业用地、工业用地、对外交通用地、道路广场用地、市政设施用地；特殊用地，包括军事用地、绿地系统用地。按建筑类型来分类，有居住建筑（包括多层、高层建筑）、商贸建筑、文化体育建筑（如体育馆、办公建筑、剧院影院建筑）、交通建筑（如车站、空港、码头等）、工业建筑、仓库建筑等等。

城市规划和城市设计要做到详尽，力求符合城市地段的功能要求，相应道路密度、相应的设施力求考虑全面。不然，如若一个地段的建筑被另一地段的建筑堵住了通道，将引起矛盾，而设施不齐备则给居民造成不便。建设单位与规划部门的工作要匹配，使房地产的土地性质符合规划的要求。

房地产是不动产，会引起炒地皮、炒房的现象，于是导致空置房及二手房出现。人们常认为房地产是一个暴利行业，被引申为贬义词。炒房又先为炒地皮，因为要建房必须先要有土地，有限的土地可以升值，购入土地时隔几年后，土地涨价了，就可以获得巨大利润，甚至超额的利润。此后

本章得到了李启明的支持。

为炒房价，房价的高低直接影响利润的多少，可认为这是一种暴利争夺。更甚者建房过程中存在偷工减料的行为，严重地损害了住户的利益。有些人为了获得住房，规避政策，弄虚作假造成房地产价格混乱。更多的是某些房地产商的自我炒作，从中获得暴利，这是一种伪劣的行为。

市场经济环境下，房地产业产生的诸多问题和矛盾，涉及以下环节：

（1）政府的管制，即怎样合理管理，完善房地产的开发。

（2）融资、银行贷款、投资的集聚，包括外资的引入，资金运转做到合法。

（3）政府挂牌招标，真正做到公正、公平、透明。

（4）房地产商获得土地后如何合理建设，规划上如何控制用地的基础设施及城市道路、建筑高度和容积率、大树古迹的保护等及对相邻建筑的关注及形式风格等等。

（5）房地产商的建设过程和运作、售楼方式，如何得到有效的监督，怎样保质保量。

（6）住房的分配怎样做到合理。

土地增值税是指转让国有土地使用权、地上的建筑物及其附着物并取得收入的单位和个人，以转让所取得的收入包括货币收入、实物收入和其他收入为计税依据向国家缴纳的一种税赋。土地增值税的升值具有极其重要的作用。

土地增值税有利于对房地产商和房地产市场交易的调控，同时也是国家抑制炒卖土地获取暴利行为的手段，这也有利于国家的税收财政的积累。

房地产市场在全国各地是不平衡的，特大城市与大城市及中小城市是有差距的。在发达地区，如广东、上海、江苏、北京、浙江的房地产投资几乎占全国的大半。再有东西部差异也大。随着经济的发展，国家提出西部大开发、振兴东北等老工业基地和促进中部崛起的战略，房地产业的格局会起变化。

国家对房地产业多年来多有指示，也是人民关注的问题之一。诸多的研究问题包括企业的负债，缺乏诚信，以及造成的市场泡沫等等。

有云："安得广厦千万间"、"居者有其屋"，我们规划设计及宜居的研究要关注这些矛盾。

从总体上看，我国的经济处于大有作为的战略期，经济健康持续地发展，总体平稳。当下，我们正处在经济上的调整时期，首先我们要求得稳步推进，在宏观上要稳，在微观上要活，使各方面有机统一。其次我们的经济发展要有连续性，一定要注重保持房地产建设质量上的稳定，促进房地产市场平稳健康地发展。

房地产是国民经济重要支柱之一，在城市中，特别是大城市、特大城市尤其重要。市场经济开放了房地产事业，房地产的涨落是人们关心的问题之一，它的调控是要政府来进行，国家发改委、住建部、国土部、人民银行共同来调控，

图5-1 小区配套的幼儿园
Figure 5-1 Kindergarten in residential community
图片来源：http://www.qdedu.gov.cn/qdedu/files/130312
073813309305.jpg

图5-2 小区绿化与城市绿地系统相连接
Figure 5-2 Greenery in residential community connected
to the urban green space system
图片来源：http://pic15.nipic.com/20110810/8099680_1
84324049000_2.jpg

使人们得到公正合理的房价。

政府实施多种政策对房地产进行调控，如建造保障房体系、二套房限购等。但也存在某些问题，如保障房建设在城市的边缘，交通不便，离工作地点甚远。其他如租赁房、二手房也是房地产中的一种，加上许多空置房，所以形成了一种复杂的现象。

房地产业与土地分不开，与城市规划更有密切的关系。房地产商所拍来的土地，要与规划相适应，且要融入社区中去。现在在房地产中的一个普遍现象是在地块外面围上围墙称某某苑、某某区，形成封闭的住宅地段，门口有执勤，人们不可随意入内，有时形成一种特殊的街区，这对城市的管理是不利的。作为街区建设，应考虑如下方面：

（1）要有完善的管理系统融入社区。

（2）要与城市规划的总体要求相匹配，有完善的基础设施。

（3）地段要尽可能地接近工作地点，这要求有便捷的公共交通，使通勤率提高。

（4）有配套的相应的福利设施，使居民就近买到日常用品。

（5）在规模条件下就近有幼儿园（图5-1），相邻近的小学，及保健医疗所。

（6）住区的小游园、道路绿地，要求有适宜树木和景观，并与城市的绿地系统相连接（图5-2）。

人们的生活方式是有变化的，对居住的要求也会起变化，因此住所可能成为二手房，或成为变相的"新贫民窟"，这都是要我们研究的。随着城市的发展，常常需要补偿被拆迁住户，建设安置房（图5-3）。但房地产因为是不动产，传统的观念根深蒂固，应引起人们的重视。投资建房可以获取高额的利润，开发商也成为富有者之一，所以他们的素质，我们也要关注。房地产的开发对国家是有利的，但如何平衡利润和收益，也是研究者需要关注的，这和居民的实际收益有密切的关系。

房地产是城市中的一个组成部分，是城市生机的重要组成部分之一，正好像城市中其他矛盾一样，有其值得研究的地方。

最后我们关注住宅建筑，不论低层、多层、高层住宅都应有它的建筑风格和美观问题，不能"千篇一律"，要有地区风格，要有多样性。住宅建筑是美丽中国的一个组成部分。

我们要遵守法律，特别是城市的各项有关规定，使房地产建设与城市相配合，使城市空间有序，布局合理，这也是生态文明建设的一个要求。

图 5-3 安置房
Figure 5-3 Affordable housing
图片来源：http://a4.att.hudong.com/43/07/0130000031
9029122908073044052.jpg

6　消费与城市

Consumption and City

6.1 现代消费——当代城市形态演进中的关键因素
Modern Consumption—Key Factor in Urban Morphology Evolution

当工业革命带来了生产与消费的明显分离，当社会大多数人都需要通过市场、以商品性消费的形式去购买和消费其他人生产出来的产品时，脱离传统意义的现代消费就正式登上了社会发展的舞台。现代消费与生产之间存在着张力，它能够直接促进或阻碍生产的发展。随着 20 世纪初与大众消费结合向全社会的扩散，现代消费还进一步拓展了其社会、文化内涵，它既是一种经济行为，也成为塑造个人身份、建构自我认同的主要方式和具有文化意义的实践活动。1960年代以来的后现代时期，现代消费的物质性不断减弱，文化和社会象征性不断增强，作为拉动社会生产的主动力，它逐渐被操控而走向了"符号化"。与此同时，现代消费与休闲、文化艺术、信息网络和全球化等影响当代社会演进的诸多非消费要素间出现了紧密关联。内涵的拓展和开放性的增加，使现代消费日渐主导了当代社会基本结构的变迁，作为经济生产、社会生活主要载体的城市，也自然与现代消费产生了不解之缘。可以说，在消费社会中，现代消费已成为影响当代城市形态演进的关键因素。

当然，消费与城市之间本来就存在着联系。城市最早是作为市场发展起来的（Weber，1958），"城"与"市"的一体化构成真正意义上的"城市"。尽管前工业社会的大部分市民仍主要以自给自足的方式在家庭中消费着自己生产的物品，但毋庸置疑，"市"的存在，使城市自诞生之日起就具有了"消费性格"。如果说，前消费社会的城市形态演进轨迹中，消费的踪迹尚不甚明显，那么进入消费社会以后，现代消费对城市形态演进的作用力可谓日渐强大并趋于显性。1920 年代以来，当代城市演进过程中每一个关键性的脚步——从郊区化、新城发展到内城更新、城市复兴，无不深刻地留下了现代消费的印记。

从宏观层面看，现代消费带来城市整体功能的消费转型和空间结构的改变。1960 年代后，趋于个性化、非物质化的现代消费刺激了金融、商业服务和零售、休闲、娱乐业的显著增长，直接引发了当代城市的功能转型，越来越多的城市由工业中心、生产中心转变为消费中心。购物和文化消费的蓬勃兴起，极大地带动着城市商贸、娱乐、文化产业、房地产业的发展；"都市旅游"这一典型的非物质消费更促使当代城市自身转变为旅游目的地，不仅"吃、住、游、娱、购"完整的旅游活动链进一步强化了城市的消费功能，公共消费和文化设施更纷纷变身为旅游吸引物。城市的这一"泛旅游化"过程又与基础设施的改善和城市美化、装饰相伴，进一步增强着城市吸引力，使其在城市间的竞争中更容易获得资

本章内容由韩晶提供。

本青睐。现代消费，而不是生产，为当代城市提供了功能转型与发展的契机，并由此改变了城市空间结构。

承载消费活动的消费场所充当着改变城市空间结构的主力军。当代城市的消费场所出现了规模化、类型分化与结构化，大规模、满足不同消费需求的消费场所分布于不同城市区域，它们在空间、功能上既相互分离、又相互联系，形成相互依赖、配套的结构系统。并且，这些消费场所集聚的位置、规模、功能和空间结构正在由早期的"中心地"结构向受消费者行为和消费文化影响的、更为复杂的结构和空间关系转变。消费场所的规模化与结构化对城市功能结构产生了深远影响。例如，郊区大规模增加的消费场所作为城市中心之外最具活力的区域，它也极有可能作为新的区域增长极和潜在的新城核心，推动城市外向扩张，这一点在西方新城演化中表现得非常明显。

消费场所还通过与城市交通之间渐趋紧密的交混，进一步改变着城市空间结构，最典型的就是围绕交通节点集聚的消费建筑群和沿高速公路发展的消费带。如美国拉斯维加斯的城市规划，消费建筑群沿着一条交通干道两侧集中放置，整个城市中心成为由众多赌场、酒店、游乐场、夜总会、广告牌和霓虹灯混杂而成的狭长消费带。库哈斯的"普通城市"和奥津 (Marc Auge) 的"非空间"理论甚至提出，以"流动"加"消费"为显著特征的"普通城市"将决定未来城市的普遍形态。这是否预示着，城市的形式将越来越由消费所决定？

再来看中观层面，现代消费对城市形态演进的影响在这一层面是最为直观和显性的，它亲自"掌控"了城市景观与郊区、城市中心等重要城市地段的发展。

消费对郊区的掌控伴随郊区化而出现，凸显于郊区购物中心的快速壮大。郊区化使消费扩展到更广阔的领域，长期由城市中心垄断的大规模消费服务业向城郊转移，郊区购物中心这一崭新的消费场所于1950年代产生并蓬勃发展起来。最初郊区为购物中心提供了诞生、发展的土壤，但郊区购物中心数量的急剧增长和规模的不断扩大，却使其转而定义了郊区的个性特征，掌控了郊区化的步伐。就空间形态而言，它为散漫的郊区建构出空间中心，并赋予其浓郁的消费色彩和可识别性；就功能而言，它是郊区居民的消费品零售场所和社交中心，在郊区生活中占据不可替代的地位。作为郊区发展中最不可或缺的主要元素，郊区蔓延到哪里，购物中心就如影随形地出现在哪里。

除了郊区，现代消费还将城市中心纳入了掌控之中，这也成为其影响当代城市形态演进最鲜明的表象。如1970年代后西方大城市中心的改造、再开发，不论是内城更新，还是码头区、工业遗产区更新，抑或是历史街区复兴，它们无不围绕着消费的线索而进行。现代消费主导、掌控着这些城市核心地段再生的命运，并赋予其鲜明的消费特征。首先，购物中心在1970年代由郊区进军城市，成为城市更新的主要工具，"消费主义的发展使七八十年代的城市发展趋势变成对购物中心的重新设计和扩张"。这些购物中心或独自出现，或与其他功能组合形成混合使用的大型综合体，甚至化整为零、像水银一样浸入城市中心传统的空间肌理中，形成"隐形购物中心"，最终，造成城市中心由空间形态到功能内涵的消费转型。同时，码头区、工业遗产区、历史街区等充满工业、历史文明回忆和优美景观的城市中心地段将自己整体变身为一种新的体验式消费场所——"节庆中心"。主题性零售店、餐厅、时装店加上花车巡游、表演创造出热闹喜庆的节庆气氛，衰败的城市空间通过直接成为休闲和消费场所，将居民重新吸引到市中心，从而获得自身的复兴。此外，现代消费的休闲化在旅游休闲中所占据的重要地位，更使变身为"隐形购物中心"、"节庆中心"的城市中心向"都市旅游目的地"演化，城市中心传统的历史、文化旅游地也竞相与消费结合，它们成功吸引来大批游客，生产出可观的利润。直接成为空间消费品纳入消费社会的生产—消费过程，这进一步强化了消费对城市中心的掌控力，也使作为旅游地的城市中心逐渐变成自己现在或过去的幻影或反映，从而具有了更典型的消费场所的性格——梦幻与体验。现代消费，作为城市中心最主要的发展策略，控制着其功能和空间形态；城市中心既是消费场所，也是消费对象，带有了鲜明的消费特征。

现代消费对城市景观的重构，可谓其影响当代城市形态演进最直观的表象。进入消费社会，象征工业文明的"大烟囱"城市景观日渐被"消费景观"取代。城市消费景观的凸显首先来自消费场所的集聚和可视化。最积极创造消费的地方，正是城市中最容易看见、最引人注目的地方。大型购物中心、节庆或嘉年华空间、旅游地等消费场所不仅大规模集聚，为应对激烈的商品竞争，它们还以消费社会的"商品美学"逻辑，将自己的外表直接纳入"注意力的竞争"中，以精心包装的"可视化形象"吸引更多视线。这种形象的可视化超越了一般意义上的可以看见，乃是醒目、引人夺目甚至过目不忘。从展示商品的橱窗到常变常新的表皮、标新立异的独特形式，大规模并具有强烈视觉冲击力的消费场所构建出可见度极高的城市消费景观。此外，传递消费信息的霓虹灯、广告对消费景观的凸显也功不可没。对现代消费发展具有巨大整合力量的广告无所不在地出现在城市的每一个角落：霓虹灯、广告牌、电子显示屏等各色广告覆盖着消费场所的表皮，蔓延到高层建筑的顶部、水面的游船和街道上的公共汽车上……新的多媒体、视觉技术更强化了广告与建筑的结合性，一栋高层办公楼可以在瞬间变身成一个巨大的、投射消费信息的电子广告牌，每当夜幕降临，城市就变成霓虹灯光和广告的海洋，洋溢着浓烈的消费气息。消费景观取代了优美的自然风光和林立的大烟囱，成为城市景观的主体；城市景观由于广告、橱窗、包装、琳琅满目的商品和争奇斗艳、可视化的消费场所而变得更美丽、更令人陶醉；走在大街上着装时尚、发型各异、一举一动都有着独特风格的消费者也成为城市景观中一道亮丽的风景线。这一切均拜消费所赐，也为消费所掌控，它意味着，现代消费对城市形态的沁润由隐形的空间、结构蔓延到了最直观的视觉领域。

最后，来看看微观层面，在作为城市基本构成元素的建筑形态上，也清晰地折射出了现代消费的影响。当代的城市建筑对消费社会的经济、社会、文化逻辑不仅出现了高度适应，更扩展到主动建构之中，它们直接成为消费文化的一部分，遵循着消费逻辑发展。

现代消费与文化间相关性的增加，带来了艺术领域的"日常生活审美化"。作为其组成部分，建筑艺术与日常生活的界限发生了消解，日常生活中的消费品成为建筑形式创新的重要源泉。其典型表现是建筑的"波普化"倾向，建筑形态的整体或局部出现具象的日常生活物品形态，如弗兰克·盖里在神户海滨设计的鱼舞餐厅，以鱼、蛇并置的形象完全颠覆了传统的建筑概念。消费文化语境中的建筑形态还变得更加通俗、有趣和具有娱乐性。各种新奇、夸张的形式和鲜艳的色彩纷纷出现，不同时期、不同文化、不同风格的建筑要素被直接拼贴在一起，以形式、材料、色彩的汇聚和冲突传递出欢快、戏谑等种种表情，为大众带来各种新鲜的娱乐体验。

以快速消耗来推动生产的消费逻辑摧毁了传统建筑价值观，当代建筑变得更加临时和可变。不唯建筑生命周期变得短暂，在这"短暂的存在"中，建筑形态还紧随瞬息万变的世界同步变化。以轻盈、柔弱的临时感和失去既定功能的空间、动态的表皮而著称的东京"风之卵"、横滨"风之塔"就是典型，这些与城市生活同步变幻的形态既像建筑，也可说是雕塑，抑或是投射消费信息的银幕。以消费逻辑发展的建筑也如同其他消费品一样，出现形态的"流行化"、"时尚化"。某种建筑形态一旦在发达城市获得好评，它就会立即变成一种时尚、一种流行，在其他城市大量复制。消费逻辑中的时尚又意味着快速更替，于是，新的建筑形态、风格不断快速涌现，又快速消失，流行周期越来越短，设计风格更替越来越频繁，最终，城市中的建筑好像时装，它们既是无差别的，也存在众多的形态可能性。消费逻辑的淫浸甚至使某些建筑直接成为品牌文化的表现和广告，以时尚专卖店最为典型。这类建筑的成功与否已不仅在于过目难忘的形象，而是在于其形象能否与品牌文化相契合。消费逻辑中的建筑形象变成了消费品的广告，与奢侈品牌的文化结合成一个审美整体。

建筑是城市形态的微观细胞。现代消费带来的当代建筑物质价值、经济价值、社会价值、艺术价值的全面转向，在改变了建筑形态的同时，无疑也在微观层面影响着城市形态的演进。

从宏观、中观到微观，从功能定位、空间结构到城市景观、重要地段乃至建筑，进入消费社会以来，现代消费对城市形态的改变既是大刀阔斧的，也是细腻和无所不在的，它显然已在当代城市形态演进之中扮演着关键角色。

　　深入剖析现代消费对当代城市形态演进的影响，可归纳为三条线索：其一，消费空间自身的极大发展带来城市形态的巨大改变；其二，对消费空间之外的其他非消费空间，现代消费展现出广泛、强烈的影响力，消费活动对非消费空间的渗透、消费空间与非消费空间的交混成为现代消费影响城市形态演进的又一重要途径；其三，当代建筑乃至城市空间本身正由对消费逻辑的被动适应转向主动建构，越来越多的城市空间直接纳入消费社会的生产—消费逻辑，成为以获取利润为目的"刻意生产"的空间消费品，从而使现代消费对城市形态的影响进一步深化。

6.2 双刃剑——现代消费在当代城市形态演进中的双重效应
Double-edged Sword—Modern Consumption Shows Duality in Urban Morphology Evolution

深入观察率先进入消费社会的发达国家城市形态演进历程，不难发现现代消费对城市形态演进的作用力日渐显现出双重效应。一方面，消费空间、消费化的混合功能空间和作为消费品的城市空间共同充当起当代城市发展的引擎，它们在欧美、亚洲国家的城市更新与复兴中发挥着重要作用；另一方面，消费空间和空间消费品在城市中的扩张也带来诸多"消费困惑"，例如城市社会空间隔离、城市环境危机、城市公共空间公共性降低等，这些"消费困惑"正影响着城市形态的良性发展。从这一角度看，现代消费可谓是一把影响当代城市形态演进的"双刃剑"。

6.2.1 现代消费是当代城市发展的重要引擎

无疑，现代消费对当代城市发展具有积极的促进效应。不论是消费空间自身，还是消费空间与非消费空间的交混，抑或是直接纳入消费过程的城市空间消品，均已成为推动欧美、亚洲发达国家城市发展的引擎，融入各国城市发展的战略之中。

在最早进入大众消费社会的美国，大型郊区购物中心有力推进着郊区发展，消费空间和空间消费品的生产亦成为内城复兴的主旋律。以波士顿昆西市场、芝加哥海军码头等"节庆中心"为代表，特色化消费功能与精心修复的历史建筑相结合，固有的自然、人文资源纳入空间消费品的生产，破败的工业码头、历史街区变身为人潮如织的城市消费中心和旅游目的地，它们重放异彩，为城市带来丰厚收入。消费空间与办公、居住等非消费空间大量交混，也催生了纽约洛克菲勒中心、旧金山耶巴·布埃诺花园等大型城市混合功能区，它们活力四射，有效重塑着城市中心的魅力。

在欧洲，现代消费的积极效应不独表现于融入旧城肌理的消费空间和"见缝插针"的城市混合消费功能区开发对内城复兴的促进，更重要的是，以文化消费为主题的空间消费品生产——如文化旗舰工程营造、文化节庆活动组织等，成为"城市营销"的重要手段。它成功改善了城市形象，吸引着投资与人才，古老的欧洲城市纷纷由此重获新生，西班牙毕尔巴鄂、苏格兰格拉斯哥就是典型代表。

对快速扩张与高密度发展的亚洲城市而言，消费空间也是不可或缺的积极要素。在中国香港地区和日本，消费空间与城市轨道交通紧密相连、联合开发，形成消费化的"交通枢纽型"混合功能区，它们既是交通节点，也是高层级的城市消费目的地，支撑着城市高速、高负荷地运转，为城市中心的持续发展和城市副中心、新市镇的扩张提供着保证。在阿联酋迪拜，消费空间与空间消费品的生产更是被看作刺激城市发展的强心剂。短短十几年，随着各种"奇观建筑"和极尽奢华的消费空间大量出现，迪拜由一个普通的沙漠城市变身为"奇观城市"，它正以现代消费为动力，迅速向自由贸易中心和全球顶级的旅游中心、消费中心演进。

6.2.2 消费空间与空间消费品的快速扩张带来"城市消费困惑"

在品尝现代消费所带来的甜美果实之时，毋庸讳言，当代城市也日渐面临着挥之不去的消费问题，走进了对消费"既爱又恨"、又"难舍难弃"的"消费困惑"中。这种"消费困惑"源自消费空间自身的负面性随其规模扩张而在城市中的放大，消费空间向非消费空间的快速扩散和空间消费的深化，又进一步使这一负面性向更大范围的城市空间推广。

第一个"消费困惑"来自于作为"消费区隔"载体的消费空间和空间消费品，加剧了城市社会空间隔离。"消费区隔"是现代消费内涵拓展的结果。具有社会内涵的现代消费能够把因经济地位不同而具有不同消费能力、不同文化品位的社会阶层"区分"出来，同时，它又充当着一种身份、地位、阶层属性的交流机制。这种对阶层差异的自然展示与主动表达催生了"消费区隔"的出现，"现代消费划分出社会阶层之间的界限，甚至充当起构筑、维护阶层壁垒的机制"(Miles，1998)。消费空间作为消费品最为集中、消费活动最为密集和最具表现性的公共场所，它极易沦为消费区隔的载体，成为某一个阶层专属的空间，将其他阶层消费者排斥在外，这也正是消费空间的负面性所在。一旦此类负面性消费空间出现规模性集聚，其"消费区隔效应"就会随之放大，将所在的城市空间变成社会中、上阶层的专属领域，造成城市社会空间隔离。

后现代时期，现代消费的符号化不仅使消费空间的"区隔效应"更为明显，其载体还扩展到作为消费品的城市空间。最典型的现象是作为空间消费品的商品住宅所带来的城市居住空间隔离。社会精英居住在区位优越、舒适豪华的社区内，低收入者聚居在衰败地段和边缘区，居住质量的差异不仅直接为不同阶层划分出空间界限，充当着"消费区隔"的映象，它更由符号消费的进一步"演绎"，将不同品质城市空间的"空间差异性"直接意指到不同社会阶层，使空间消费品的差异成为阶层地位差异的直观展示。于是，被消费所区隔于不同"专属"居住空间内的社会阶层间出现了强烈的心理防备与冲突，社会精英用围墙、保安杜绝"外人"接触，形成一个个"门禁社区"，这种城市社会空间隔离的典型表象在当代中国的大城市中屡见不鲜，在西方则以"空间绅士化"为代表。1970年代后，发达国家的"空间绅士化"还进一步向消费、居住功能的混合开发区域和旅游地、休闲游憩地的转型开发扩展，这意味着，作为消费区隔载体的消费空间与居住空间消费品出现了相互携手、相伴作用，它们共同将城市社会空间隔离推演向更大的范围。

第二个"消费困惑"来自于城市环境。现代消费最为人诟病的一点，就是永无止境的过度消费带来的资源破坏与环境危机。为了拉动生产，消费需求被不断地"制造"出来，人们被鼓励用前所未有的速度去穿坏、更换甚至扔掉消费品。这不仅带来资源的巨大浪费，更带来 CO_2 的大量排放，加速了全球气候变暖的步伐。

在"过度消费"、"高碳消费"引发的城市环境危机中，消费空间扮演着不甚光彩的角色。这里不仅光怪陆离的商品、广告汇聚一堂，还有精心配置的消费功能和刻意组织的消费动线，可以说从物品到空间本身都在有力地制造着需求，刺激着消费活动的发生。不得不承认，消费空间的快速扩张对人类的过度消费起到了间接促进作用。更重要的是，作为"制造需求"的载体，消费空间也直接影响了城市环境。为尽可能吸引、挽留消费者并延长其停留时间，从而更好地刺激消费，自1960年代以来，消费空间日渐强调以人工照明和空调营造全天候的舒适消费环境，这种与自然隔绝、内向封闭的大尺度人工环境需要依赖大能耗、高碳排放的动力系统支撑，致使消费空间自身成为城市的"排碳大户"。此外，能成功"制造需求"的消费空间往往吸引着大量城市交通出行。消费空间向郊区的迁移以及远距离特大超级市场的出现，带来城市消费出行距离的增加。当步行购物变得越来越困难、乘坐公共交通购物也不再便捷时，小汽车交通量就会迅猛增长。也就是说，规模无序扩张、布局不当的消费空间充当着城市交通能源消耗和 CO_2 排放的"幕后推手"，加剧城市环境危机。

第三个"消费困惑"来自于城市公共空间。消费社会的城市公共空间发展与现代消费紧紧交缠在一起，一方面，消费空间本身日渐直接充当起城市公共空间的角色，另一方面，消费空间还越来越多地向公园、广场等传统意义的城市公共开放空间渗透，丰富多彩的消费为公共活动提供了功能支撑，使这些传统公共空间更具活力。然而，与现代消费过度紧密的联系，也使城市公共空间出现了公共性降低的"消费困惑"。

就消费空间所直接提供的城市公共空间而言，它与消费空间天然的联系使其很容易被"消费区隔"所淫浸，降低自身的公共性，一些城市公共空间社会学者甚至将其直接称为"私有公共空间"。与"公有公共空间"相比，这些私有公共空间中的公共活动受到限制，一些不受欢迎的社会群体被空间的所有者、管理者排除在外，一些与消费无关的行为也被禁止发生。对公共活动的控制、对"不受欢迎者"的排斥，意味着一种等级选择机制的运作，它区分了人群，将消费空间内的区隔潜在地复制到公共领域，从而制约了公共空间身份的完整性。当此类"私有公共空间"日渐成为城市公共空间的重要组成部分时，城市公共空间整体的公共性必然受到严重质疑。此外，由消费空间所提供的城市公共空间还将大量公共活动吸纳到"私有公共空间"内部，从而"导致了城市人群的分散，将人和活动有效地封闭起来"，户外公共空间的质量被贫化。例如美国费城的市场东街，人们在消费空间舒适的拱廊下熙熙攘攘地穿行、休憩，与之一墙之隔的户外街道上则空旷无人，这样的街道给人严重的不安全感，几乎无法停留，更遑论街道公共生活。而街道生活的衰败，在某种意义上正意味着，城市公共空间的地位降低到了"一个以购物为指向的区域"。作为如此区域，消费区隔所带来的公共性降低也更为突出。

再看看广场、公园等传统意义上的城市"公有公共空间"，它们在被消费渗透的过程中，也面临着公共性降低的消费困惑。这主要由两个典型现象折射出来，其一，是私人消费活动对公共场所过度侵占，城市广场、绿地中那些用桌椅、围绳标志"圈占"的室外消费领域或潜在传递出强烈的信息——非消费者请勿入内，或直截了当拒绝公众的使用，当这些场所面积过度膨胀时，公共活动领域必然相应缩减，城市公共空间的公共性也随之降低。其二，是一些公共空间自身热衷于作为"双重角色"存在，它们频频变身为牟利性的消费场所，这种消费化状态持续的时间过长或过于频繁，其作为公共空间的公共性无疑会大为下降。例如纽约布莱恩特公园，曾以长达半年的时间作为奔驰纽约时尚周的举办场，这期间它作为消费场所而成为公众的禁地，其"公共性已完全失落"。

最后一个"消费困惑"，来自于消费空间向非消费空间的大量渗透。这种消费化转型使非消费空间在保留固有功能的同时，也兼做城市消费目的地而存在。在非消费空间向消费、非消费交混的城市综合功能区转型中，其固有非消费功能的主导性一旦丧失，就会带来城市空间特质的遗失和社会空间隔离的加剧，使转型后的城市综合功能区步入"消费困惑"中。

非消费功能主导性的丧失，一方面源自新的消费空间和作为消费品的空间被过度化引入，它们取代原有的非消费；另一方面，也源自非消费空间固有的、独具特色的功能活动被完全纳入消费范畴，成为体验性消费品，这意味着非消费空间丧失了原有功能，变身成地道的消费空间。当非消费功能不再居于主导，而是让位于消费空间和空间消费品，空间原有的非消费特色也不再延续，而是依托于消费成为一种表演时，不仅消费区隔的负面效应极易在原本与消费无关的空间中扩散，城市空间原有的特质也在消费化转型中遗失，"消费困惑"自然随之而生。最典型的如西方城市创意生产空间的消费化转型，居住空间消费品和时尚奢侈消费空间替代了艺术家工作室，艺术品的生产被迫变成与物品共同出售的现场表演，奢侈消费空间和高级公寓带来"消费区隔"效应的扩散，艺术生产空间向消费空间的演化则使创意空间原有的艺术特质日渐湮灭，大量的城市创意生产区走进了"消费困惑"之中。著名的纽约苏荷区就是如此，它一度从艺术氛围浓厚的创意生产区蜕变为失却文化特质的消费地点，尽管这里是有活力的，但活力的获得，却以失去空间特质和走向绅士化为代价，这正是一个典型的"消费困惑"。

6.3 两面性与可转化性——现代消费能够推进城市形态良性发展
Duality's Transformation Enables Modern Consumption to Guide Cities towards Better Morphology

现代消费在有力牵引城市腾飞之时，也使城市面临着诸多"消费困惑"。对当代的城市形态演进而言，它成为一把具有"两面性"的"双刃剑"。正如 Miles 所言："消费主义文化本身就是一把双刃剑，它对社会生活兼具积极和消极的影响，在这种文化中塑造出来的城市空间，也必然体现这种两面性"(Miles，1998)。

仔细推演现代消费在当代城市演进中留下的空间印痕，可以发现，现代消费的两面性反映在空间上，是一种复杂的两面性，或者说是一种"可转化的两面性"。表面上看，消费空间与"空间生产—消费"逻辑的负面性和它们推进城市发展的积极效应相伴而生，构成了其"两面性"，但深刻地剖析，这一"两面性"并非如表面显现的那样简单。它的负面性并不是一成不变的，而是蕴含着向积极性转化的契机。

以消费区隔来说，消费空间虽然极易沦为"消费区隔"的载体，带来城市社会空间隔离，但不可忽视的是，消费空间也同时具有重构社会关系、促进不同阶层间交往的潜力，促使"区隔"向"融合"转化。特别是后现代时期，消费日渐成为一种"创造性行为"，消费者在以消费塑造、表现自己身份之时，也由此"创造"着新的"共同身份"，这种"共同身份"不再以社会阶层为基础，而是以共同的"消费生活方式"和"消费亚文化"为基础。也就是说，只要拥有共同的消费生活方式，或者对某种消费品、消费活动拥有共同的兴趣和鉴赏力，不同社会阶层的人就有机会建立认同和情感依赖，甚至基于共同身份结成新的社会群体，BoBo 族、朋克亚文化群等后现代时期的"新部落"就是典型。根据科瓦的观察，消费空间正是这些"新部落"的聚集地，是他们进行表达、展示、聚会的"社区"和获得归属感的主要场所。这意味着，消费空间具备了建构新社会群体的能力，而新社会群体的产生，也正意味着不同社会阶层之间界限、隔阂的打破与消融。

再讨论消费与环境问题。"解铃还须系铃人"，消费空间既然能作为"排碳大户"加速气候恶化，它若向低碳减排方面"华丽转型"，也必然能有效缓解环境危机。事实上，通过使用新设备、进行环境改造和对低碳消费方式的倡导，消费空间正逐渐踏上城市节能减排的脚步。2009 年，世界零售巨头沃尔玛以"低碳超市"形象亮相世界低碳大会；家乐福也在随后不到一年时间内新建、改造出数百家"零碳"商店；一向以奢华浪费、高能耗著称的星级酒店更纷纷向"低碳酒店"转型。消费空间已开始引领着城市低碳消费生活方式。与此同时，空间消费品的生产在改善城市环境污染、培育碳汇资源方面也发挥出愈来愈重要的作用。例如德国杜伊斯堡公园，它在作为空间消费品生产的过程中，棕地的工业废料被精心再利用为植物生产媒介，土壤、污水中的有害物质也得到有效吸收，经由空间生产而塑造出的宜人景观，既解决了环境污染，也增加了新的城市碳汇资源，改善了城市微气候。

最后是"空间生产—消费"的逻辑。固然这一逻辑可为城市公共空间和非消费空间在消费化转型时所过度依赖，导致社会空间隔离等负面性在更大范围的城市空间中推演，使失却自身特质的公共空间、非消费空间与消费空间一起迷失在仿真、超真实的梦幻状态中。但是，当"空间生产—消费"的逻辑与特定地域特征、社会文化联系和城市日常生活结合在一起时，它也可以使城市自然、历史资源在被消费的过程中实现价值最大化，并使这种最大化的价值与居民日常生活紧密联系起来，生产出良性的空间消费品，以日常生活的原真性改变城市空间符号化带来的"消费主义主题乐园"状态。

将现代消费在城市形态演进中的两面性理解为一种奇妙的、"可转化的两面性"，这一点是非常重要的。它提示我们，在城市空间发展中，对现代消费绝不能持有一种绝对化的认知，也不能以简单的"悲观主义"或"积极主义"的论调来看待。正确的态度，是对其进行辩证式理解，进而对其"可转化的两面性"善加利用。一方面，当然要充分发挥其固有的积极效应；另一方面，则应通过主动引导，抑制其负面性的过度扩张，同时促使其负面性向积极方向转化。由此，使现代消费这把"双刃剑"得到掌控，推进城市形态良性发展。

7 数字化对城市（设计）的影响

Influence of Digital Technology on City Design

图 7-1 建筑领域的数字链的示例：蒙特·罗萨，瑞士阿尔派恩俱乐部

Figure 7-1 Illustration of a digital chain process on the architectural scale: the new Monte Rosa shelter of the Swiss Alpine Club

7.1 数字化影响下的城市发展概况
Overview of Urban Development under the Influence of Digitization

7.1.1 概述

在全球范围内，数字技术对城市的影响在广度和深度上尽显其功效，以复杂适应系统为模型特征的城市动态仿真系统将成为未来城市规划的主要研究方向之一。此外，交互人造系统及与之相关的算法设计也将扮演独特角色，并成为引导城乡规划发展的必要因素。

结合各类科技手段，发明新的工具对促进未来城市的发展至关重要，这些技术方法的应用需要城市导则及相关设计人员以全新的视角对模型、方法及相关外设进行重新定义。设计本身也需要以大量的城市数据为基础，它们包含城市及其周边的社会、政府、经济、环境和技术等条件，需要对之深入理解并采取特定的表达方式，明确算法设计的范围，进而基于这些数据设置各因子的优先级。优先级设定的最佳实现前提是定义可持续城乡系统的发展目标，从而建立起统一模型，并形成相互对话的操作平台，这是现有城市向未来新城市转化的重要基础。

数字技术对传统环境规划所产生的作用十分有限，通常更趋向于个案的应用，通过数字技术来分析其组织过程。为了克服现有规划过程的缺点，未来城市环境规划必须建立在利益相关的人群及共同的建设目标所形成的统一的数据模型之上。同时，与城市相关的诸多因子需要建成彼此共识的数字链（Digital Chain），数字链出现在城市规划的设计、建造以及过程管理的诸多方面。蒙特·罗萨（Monte Rosa）是一个较早运用数字链模型的未来城市与建筑环境规划的原型案例（图 7-1），它建在高达 3000 多米海

本章内容由李飚提供。

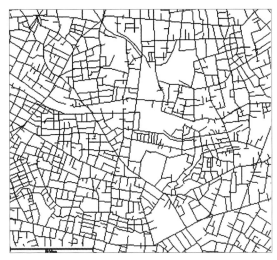

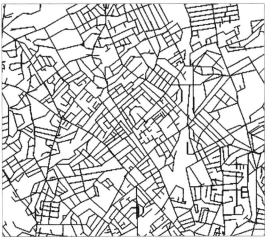

图7-2 东京（上）和伦敦（下）城市线条构成的城市肌理

Figure 7-2 Arbitrary sections of the least line maps of a section of Tokyo (above) and London (below)

拔高度上，其90%的资源采用自动化方式取自于自然，对高山环境的影响微乎其微。蒙特·罗萨是未来低温室气体排放建造和建筑能源生产技术的一个典型示范项目。

美国科学家阿贝尔·沃尔曼（Abel Wolman）于1969年描述"都市代谢需求"的概念，即所有城市的材料都要维护城市居民在家庭、工作和娱乐等方面的需要。该定义已经影响了其后的数十年，现在已经到了结合特定区域特征，用扩大城市或建筑范围的方式来扩大城市代谢模型的时候了。

7.1.2 纵、横向理论下的城市空间重生

在城市复杂适应系统中，存在纵、横向两个关键理论，纵向问题是怎样在某层级中组织复杂性并以此作用于下一个层级，纵向理论可以工作于不同层级，在复杂系统的权重分布过程中表现其自身的特性，它在创造更深层次复杂系统时具有独立的力量；横向问题存在于不同内部动力系统的相互作用中，显示如何自动将非直接关联的因素作平行演化的过程，每一种因素都有各自的特性，它们通过相互作用实现彼此塑造。横向和纵向的理论通过人的思想，即设计师的空间认知和城市空间功能规律实现机制连接及系统运行。

在城市规划设计中，从局部地块到整个城市，城市肌理通常通过长线和大量的短线体现，这特别适用于规划趋向几何化的城市，如芝加哥和雅典。在较为有机的城市（缺少明显几何化特征），例如东京和伦敦（图7-2），长线很有可能直接横亘于城市，并与另外一个城市直接连接。

运用相关程序分析工具可以使城市的结构变得清晰，其原理并不复杂：将线段在街道（图7-3）交界处打断，使得各部分和相连部分存在三种定义：（1）度量，也就是中心之间的距离。（2）拓扑，通过两个中心间是否存在方向的改变来定义。

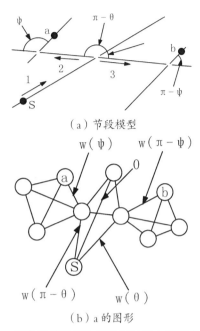

（a）节段模型

（b）a 的图形

图 7-3 街道网络的线和段表示以及它们形成的图形
Figure 7-3　Line and segment representation of street networks and their graphs

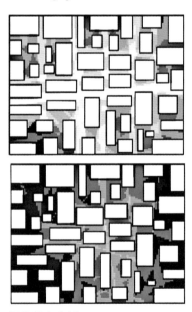

图 7-4 视觉整合分析
Figure 7-4　Visual integration analysis

（3）几何，即中心和中心之间的角度变化。城市通常从一个或多个中心发展生成，并在空间上体现出独特的持续性，这意味着城市的任何一点都可能靠近一个副中心，并且该副中心和上一级的中心距离并不遥远。

此外，城市不仅仅由功能各异的建筑物构成，在空间及距离上可能蕴含更多内容。城市空间在视觉上也使城市系统变得愈加复杂，但可以借用相关算法来确定视线距离系统。例如，在复杂系统内如果需要分析其韵律和视觉距离，会发现如图 7-4 上所示的例子韵律感更强，平均路径也更长。实体位置的微小变化对视觉距离的影响巨大，其结果表现在如图 7-4 所示的视觉程序模拟：颜色越暗则视觉距离更短。上图暗示着一种主干道和次干道的关系，而下图既减弱了结构特性也降低了空间的可视距离。

再如，空间网络的可理解性几乎完全取决于其线性结构，基于这个原则再回到聚集城市的过程，便可以修改它的聚集方式：加入每个"细胞"时如果它可以阻塞一条相对短的线则不阻塞更长的线，即所谓"优先避免原则"。由此，可生成如图 7-5 上所示的城市结构。

空间的特质取决于空间的规律，而空间的机制取决于空间功能的规律，这可称其为城市自然运动规律。由此，我们需要通过这些自然规律提取其相似特性，并以此来对应运动的整合措施，进而发掘城市空间潜能。一旦这种"运动规律"被理解了，显而易见，城市网络的配置和运动就是系统横向自动化和进化的关键。通过自然运动对城市网络的影响，并把城市自组织过程设置在同一个流程上，那么该方式聚集的建筑物将形成充满活力的城市。

城市自组织过程中的关键因素是中心和副中心的形成。通常，城市副中心因其处于网格的焦点而自然形成。城市中心以增长速度超过其消退速度而膨胀，加权动力会不断加固周围的副中心。中心以线性和非线性两种方式成长，在非线性成长方式中，城市网格的模拟表现出潜在的新城市中心，通常出现在原有中心一定的距离范围内。

城市的形成过程在纵向功能出现和横向形式出现中形成，纵向和横向的进程通过简单规则催化复杂形态的形成，并通过空间的媒介和空间的功能被建筑实体所物化。横向和纵向的结合过程创造了城市，但是如果没有人的思想的干预，那么城市的特性就会变得难以辨认。环境的客观和人的主观相互影响，并伴随着主观出现在客观世界，同样客观世界也反馈到人的主观之中。

7.1.3 数字技术在城市环境及其交付环节中的变化

在传统的现代化城市中，近一半的物理资产由建造工业创造，同时创造了大概 10% 的国家财富。这些资产成为创造自动化城市和环境更新的基本力量，也是社会和经济变化的重要资源。在数字技术飞速发展的今天，需要整合不同建筑生命周期的信息管理技术以及一体化进化设计及交互过程，运用先进的技术来稳定地为城市环境建造的工业带来可衡量的促进和提高。

初步设计阶段需要寻求广泛的关于相关项目的信息和工业知识，并据此形成原始的设计意图，为更深入的设计做准备。相应的规则在这个阶段就可以被引入并作为定义参数。在设计发展阶段，信息技术和自动化是勘察支出与规则的重要环节，所有与设计相关的元素在这个阶段通过 BIM（Building Information Modeling）模型计算其消耗和效率，这虽增加了预算项目支出的确定性，但同时也实现了风险最小化。随着各类信息的逐步引入，管理技术必将与数学模型结合，并据此建立更复杂的模型，进而赋予城市设计

图 7-5　基于"优先避免原则"的布局（上）和没有基于"优先避免原则"的布局（下）
Figure 7-5　A layout generated by a "conserve longer lines" rule (above) and one generated by the inverse rule(below)

无限的可能性。

此外，虚拟打印技术涉及完全的三维数据信息，包括项目建造所体现的信息特点的表达。虚拟打印并不会影响设计的关键节点，只是提供理想化的架构来组织项目，其优点是，提前实现三维数据关于建筑元素的组织，以及具有更精确的输出标准和质量评估特性。

当设计深入到一定阶段时，需要所有学科的专业团队密切合作，以达到合作成果的最优化。这种综合协调，可以通过先进的分析和虚拟技术来实现，再经过 BIM 模型整合，减少设计在传统工业中的低效性。由于 BIM 模型具有更强的分析和展示能力，其数学模型会越来越复杂。不过可以预见，在不远的未来，统一的城市模型会产生，并促进整个城市环境的管理，甚至精确到城市环境的各种社会行为。

此外，因特网技术为城市发展提供了许多独具价值的解决方案。这些技术可以被维持、持续更新或修改，无数的项目指标可以被跟踪和管理，并逐步具有基于庞大数据的学习功能。

在一定程度上，设计和建造的未来正在现在。正如加拿大科幻小说家威廉·吉布森所说，"未来正在这里，它只不过分布不均"。毋庸置疑，设计过程的生成核心仍然是以人为中心的，但涉及的技术、实践及其在过程中的整合将会增强其影响力。

城市或者全球化范围内即将发生整个知识模式魔幻般

的、自我永存式的自动机制，即自我复制，自我参考。这在内部会直接而且无限制地和熟悉的产品链连接。这些产品链基于人类想象力，但将逐步完善螺旋式和逻辑性的连接，并会在各设计层级中始终保持独特的驱动力。

7.1.4 城市建模策略及其未来

在一些早期城市设计项目的展开过程中，人们对于城市的思考和信息技术间存在着精确与不确定的双重交互。城市设计语言和城市网络的观念之间存在混淆，通常表现在对变量的定义以及过程中引入的数学方法等等，这促使我们思考城市建模文化。

城市建模策略一般包括三方面的广义策略：第一，描述性策略，关注点主要是在建模和尽可能逼真地描述现有的城市环境。第二，对传统城市文化中的理想化预设，它关注的不仅仅是现有的环境，更多的是去想象理想化的城市设置。第三，数字化、仪器化的传统，它围绕设计的原则和规划标准来调解城市现状和未来的城市发展。

描述性传统显示在不同范围内的更多层次，它同时存在抽象和细节符号化的惯例。这些模型不仅仅呈现更多的细节和精确性，同时可以用同一种数据模型描述不同时期的信息，并实时通过模型来进行更新。

理想化的城市模型伴随着人们生活质量的提高而出现，即所谓理想化传统。理想化传统同时也导致全球性交通膨胀，以及因生活质量提高带来的各种需要及衡量标准，这曾经在欧洲的文艺复兴时期出现过，但被后来 20 世纪后期的发展所吞噬，如"24 小时运转的城市"、"实时的城市"、"碰撞的大都会"、"有线城市"和"智能城市"等等，每一种称号都反映特定的技术和生产的运用，同时也反馈在对城市化的思考和建模中，它们既扮演理想化方式的驱动，也作为正在转化的传输媒介。仪器化传统的指导原则不仅仅关于正常的形状和符号，更应用仪器来填充城市建模中功利和务实方面的需求。

　　城市建模在社会的转化中不对空间的适应性形成阻碍，同时逐渐呈现出以过程为中心的特点。计算城市的任务伴随着更复杂的、可以被计算与交流并重的表示方式，并日趋丰富。一种与城市兴起平行的"空间的自动生产"和"呈现非认知"的趋势正在发展，它们比以前更易于计算且具有独特的表达能力。

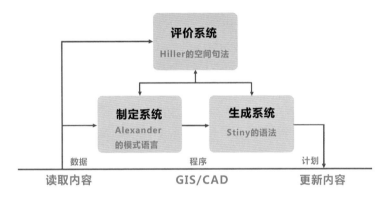

图 7-6 城市模型的计算机平台概念模型
Figure 7-6　Basic urban conceptual model of the computer platform

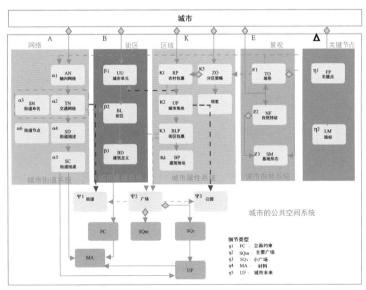

图 7-7 城市环境本论的概念视图
Figure 7-7　Schematic view of the urban environment ontology

7.2 城市化参数模型和信息建模
Parameter Model of Urbanization and Information Modeling

7.2.1 可制定、生成和评估的城市模型

城市建模的目的在于基于现存理论及方法，通过可叙述性语法继承并创造支持城市设计的计算机程序平台。城市模型由三个子模型构成：

（1）城市程序的"制定模型"。

（2）符合城市程序计划的"生成模型"。

（3）可用于分析、比较、衡量城市程序解决方案的"评估模型"。

从模型的可操作性出发，论述性语法包括用何种形式语法与设计内容相结合，并据此产生相应的计算机程序，模型的生成语法必须符合程序设计的解决方案。另外，模型还必须包括与之相关的评估机制，以确保程序符合内容、设计符合程序（图 7-6）。

城市模型包括两种本论：环境本论和过程本论。第一个本论描述城市环境，首先是城市环境的内容，其次是解决方案的内容。第二个本论反映底层城市的发展方法，即依据基本内容生成解决方案的过程，这为预想的平台提供了结构。图 7-7 图解城市环境本论，重点突出其五个主要的类别。系统被次一级物体类别从形式上分开，每个类别都有物体的类型，但各对象类型均对应其三维参数，并具备各自相应的特性。

城市发展过程本论描述了发展过程的不同的阶段，操纵数据类型涉及人为参与。主要考虑三种设计阶段："预设计"，"设计"和"后设计"。语法通过本论的结构以层级方式定义，且具有平行性特征，各项均对应本论中的分属类别。总的来说，语法产生层级的表示方式，主要表现为五项本论的层级，即"网络"、"街区"、"区域"、"景观"及"关键节点"。

7.2.2 模型构想

在某种意义上，创造一种模型构想其实是发展一座城市生长的基本协议。这样的协议基于地点和区域发展的眼光，并且这些地点和区域是建立在特定理论模型之上。这意味着模型构想完全取决于其建立所基于的图表的类型。这具有一定的风险：如果图表失败了，那么错误规则控制程序也会失败。

概念化模型描述了制定过程的结构和行为，也是更广义生成构想设计方案及概念化模型的一部分。根据该更广义的模型，制定模型的角色是产生基于特定文脉数据的设计摘要（图7-8）。

7.2.3 模型生成

模型生成的控制涉及四个生成阶段：

阶段一：基于地域特色确定何处需要应用规律和引导原则来形成生成规则。

阶段二：确定在何处生成主要的城市网络。

阶段三：确定城市的特性在哪些方面体现，例如邻里关系等。

阶段四：确定城市细节的产生源，这些细节成为包括公共空间在内的城市特征。

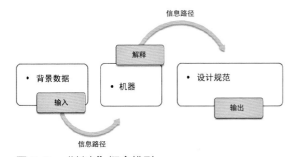

图 7-8 "制定"概念模型
Figure 7-8 Formulation conceptual mode

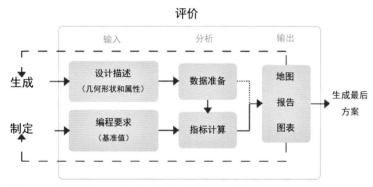

图 7-9　评估模型在"城市感应"项目中的操作
Figure 7-9　The evaluation process and its operation within the City Induction project

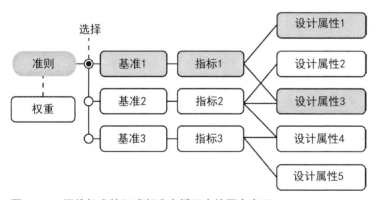

图 7-10　评价标准的组成部分在循环中的图表表示
Figure 7-10　Diagram of the components in the calculation of assessment criteria

因此，模型生成的起初阶段，并非所有的数据都需要明确，何况某些数据在起始阶段完全未知。正因为如此，对结果的持续记录将显得十分重要。

作为不相关的应用，城市生成模型尽管由传统的设计因素构成，但它较之传统的设计工具表现出了一些优势：

（1）它包括通过生成规则为现有的城市设计编码，从而促成设计的快速生成，并加强设计过程的深入探索。

（2）它在特定模式下生成计划，可以和 GIS 系统相连，这使得 GIS 的评估工具得以使用，因此可以提供结果的实时回馈。

（3）它生成的模型包括设计师需要的评估系统，这使其产生具有反馈机制的设计。

简言之，生成模型包括一个基于规则的辅助设计环境，并与 GIS 环境相连接。

7.2.4　评估模型

评估模型参与到城市设计发展的各个过程中，整体的评估流程如图 7-9 所示。

评估的总体结构包括五个逐渐增加的细节，其专业特征强化其层级的复杂性：

（1）可持续性的尺度：更高级别的环境化、社会化和经济可持续化的目标。

（2）城市可持续性：可持续城市化的相关主题，例如提高对社会经济的评估机会。

（3）评估的准则：一系列的方面需要被评估（图7-10）。例如评估公共交通、当地服务等。

（4）性能指标：设计特性通过特定的计算方法和单元来测量，例如在公交车站的400米距离内的居民百分比、居民到最近医生的平均距离等等。

（5）性能的基准测试：测试特定的设计指标所表现的价值，例如50%的居民，至公交车站的平均距离小于400米。

对于设计的分析包括两项任务：数据集的半自动化准备和针对指标的运算。

生成模型可以进一步用分析生成的数据来驱使设计优化，抑或根据基于制定模型的策略来优化算法，以响应评估结果，从而形成一系列的循环操作过程，并在循环过程中实现最终结果的不断优化。当然，这种循环优化并不是无穷尽的，在这个过程中还需要考虑时间消耗、资源开销等一系列内容。

7.2.5　未来城市设计的启发式仿真

现有应用程序如何整合到一个开放的设计框架中，用计算机仿真作为启发式城市设计的方法来规划其生成过程。虽然连续的仿真可以有效评估载入的总体规划方案，但是却很难把它们应用到需要积极合作并具有现实特征的情况中，例如现场生成或地域规划等。

城市不应被设计成"绝对"或预先定制的对象，它们是对实体和空间在不同规模上的配置。现有城市仿真应利用尽可能多的信息，这些信息成为更新城市模型的基本参数。仿真的应用和生成的问题并不一定和算法相关，而是和设计师对设计"目的规则"的认知密切相关，如设计空间的本论是否表达不完整，或者设计因素考虑是否缺失等。因此，仿真需要在水平的、连续的组织上有更大的灵活性和完整性。

启发式仿真主要有两个系列。第一个系列的目的在于提取城市规划中占主导地位的因素，例如街道方向、街区尺度等等。启发式仿真必须促成规划者对于在城市环境中空间设计过程的隐性的、启发性因素的发觉，同时，启发式仿真也应对设计者的行为给出相应的提示。第二个系列的目标是整合启发式仿真不能被衡量的因素的演示、验证和引导，特别是那些性能需要通过"过程检验"和"视觉叙事"来验证的因素。

启发式方法通常包括以下三方面的内容：

（1）图解输入输出：轻量级仿真的协商依赖于图表的输出。这种表是一般呈现动态平衡的临时模型，调查的过程具有一定的生命力，甚至在结果趋同之后，依然可以等待下一个新的不平衡点。

（2）计算搜索：既有的集成仿真可以模块化成两种计算搜索仿真，一种是对拓扑关系的搜索，另一种是对几何关系的搜索。元启发式算法不仅适用于尚未有效解决机制的组合优化问题，同时也适用于有许多具备可能性但同样有效的设计方案。元启发式算法存在于一定的范围，这种算法不可一概而论，它并不能使用于所有的城市空间设计。

（3）可视化的选择：用户可以通过可视化的选择，将动态模拟的计算结果确定下来。在简单和有限的仿真中，可视化可以让用户挑选人为参与以干涉仿真结果。

启发式仿真带来的公差和冗余均需计入启发式的计算结果中，包括统计、随机的偏差和设计目标规则的表达。设计者通常在受限制的问题中应用一个已被证明的启发式仿真来生成和评估方案。

未来，在设计和计算途径之间的平衡仍然需要设计者不断寻找，即使不明确的城市设计问题也可以通过计算来模拟，以此完善启发式仿真在城市设计中的应用。

参考文献

1. Gerhard Schmitt.A Planning Environment for the Design of Future Cities[EB/OL].(2012).http://link.springer.com/chapter/10.1007/978-3-642-29758-8_1.

2. Bharat Dave.Calculating Cities[EB/OL].(2012).http://link.springer.com/chapter/10.1007/978-3-642-29758-8_2.

3. Bill Hillier.The City as a Socio-technical System: A Spatial Reformulation in the Light of the Levels Problem and the Parallel Problem [EB/OL].(2012).http://link.springer.com/chapter/10.1007/978-3-642-29758-8_3.

4. Martin Riese.Technology-Augmented Changes in the Design and Delivery of the Built Environment[EB/OL].(2012).http://link.springer.com/chapter/10.1007/978-3-642-29758-8_4.

5. Jos'e P Duarte, Jos'e N Beirao, Nuno Montenegro, et al.City Induction: A Model for Formulating, Generating, and Evaluating Urban Designs[EB/OL].(2012).http://link.springer.com/chapter/10.1007/978-3-642-29758-8_5.

6. Christian Derix,Asmund Gamlesæter, Pablo Miranda, et al.Simulation Heuristics for Urban Design[EB/OL].(2012).http://link.springer.com/chapter/10.1007/978-3-642-29758-8_9.

7. Antje Kunze, Remo Burkhard, Serge Gebhardt, et al.Visualization and Decision Support Tools in Urban Planning[EB/OL].(2012).http://link.springer.com/chapter/10.1007/978-3-642-29758-8_15.

8 城市中心区

City Center

城市中心区一般指行政中心，也指商贸中心，是为了交换商品而聚集在一起的集散地。古时乡镇有所谓的集市，几日一市，农民都到集市交换商品，进而有专门的房屋供居民买卖东西。随着城市人口的不断扩大，城市道路的两侧和十字街头也开始进行商品贸易，北京的王府井、大栅栏，南京的新街口、夫子庙即属于这一类。由商铺、商店发展到商场，再到超市。在国外，大型商场建在近郊，周围可以停放大量车辆。

随着城市发展，多个城市中心成为需求，商业中心开始增多。以南京为例，最早商业集中于白下路，然后是新街口，再而是到鼓楼、下关，其对市民都有一定的影响范围，称为服务圈。金融机构伴随而生，商贸金融中心随着城市的经济发展而逐渐形成，商贸金融中心是一个区域，有一定的范围。世界著名的商贸金融中心包括美国华尔街、瑞士苏黎世金融中心、北京王府井、上海外滩和浦东陆家嘴，它们是发展的结果，或有规划或无规划，从总体上看是自然形成的。

改革开放以来，深圳是第一个经济特区，它借助于接近香港这一世界级自由港的巨大经济体，得到产业的投资，加上当时有全国各地的支持，从资金到人才，使之迅速发展为一个特大城市，城市中心区由罗湖发展到福田。深圳这座城市，包括其商贸、金融中心，都是在规划指导下建成的，是国内唯一的一个相对可控地有计划建设的城市。我指导的博士生陈一新在深圳规划局工作，他始终参与观察深圳的形成与发展，现来分析其生长过程。

历史上的深圳和香港连为一体，同属新安县。1979 年成立深圳市，其前身是宝安县，县城位置是现罗湖火车站一带（图 8-1），具有悠久的历史。1980 年在深圳市域范围 2020 平方公里[1]内划出 327.5 平方公里成立深圳经济特区。深圳改革开放 30 多年获得巨大成就，得益于香港的产业转移和经济腾飞，得益于深港合作。

深圳中心区规划建设实例是深圳特区 1990 年代的时代产物，它见证和

---

1 2004 年前深圳市域面积统称为 2020 平方公里，之后改为 1991 平方公里。

代表了特区飞速发展进程中的那段城市规划历史。深圳城市规划建设历史可以分为前 15 年和后 15 年两个时期。前 15 年（1980—1995）为深圳第一次创业时期，城市规划建设重点在罗湖、上步、蛇口，以建成的罗湖中心区、上步和蛇口片区为代表作；后 15 年（1996—2010）为深圳第二次创业时期，城市规划建设重点在福田、南山，以建成的深圳市中心区为代表作。深圳城市中心从东向西的历史演变表明空间是政治性的，也是战略性的，它在不同时期实现了不同的跨越式发展，充分发挥了多中心城市的弹性空间、可持续发展的优越性，成功实践了特区总体规划的组团式城市结构。深圳市中心区是深圳大城市规划建设的一个核心片区，其开发建设过程中的生机、矛盾和提升等方面的反思也是深圳特区规划实施过程的一个典型实例。

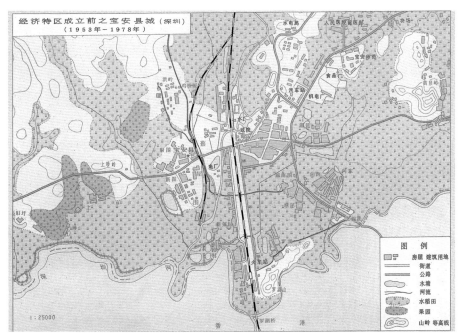

图 8-1　1979 年前老深圳
Figure 8-1　Old Shenzhen city before 1979
图片来源：蔡培茂. 深圳市地名志［M］. 广州：科学普及出版社广州分社，1987.

8.1 城市中心区的生机及开发机遇
Vitality and Development Opportunities of City Center

深圳市中心区（简称中心区）是金融中心、行政中心、文化中心和交通枢纽中心，是按照规划蓝图有计划、分阶段实施的中央商务区（简称CBD）的成功典范（图8-2），其规划建设质量代表深圳后15年经济发展水平。深圳比邻香港，中心区临近深港口岸，其交通优势使之成为香港产业升级转移时的近水楼台。

8.1.1 深圳比邻香港，中心区临近福田口岸

深圳市中心区位于深圳经济特区[1]几何中心，由彩田路、滨河大道、新洲路、红荔路四围构成，建设用地面积4.13平方公里，包括莲花山公园总占地面积6平方公里。中心区北枕莲花山，南临深圳湾（与香港新界隔海相望），中心区以南3公里是深港边境福田口岸（作为深港轨道接驳的深圳地铁4号线于2004年通车）和皇岗口岸，2006年以后确定京广深港高铁线在中心区设福田站（地下火车站），预计2016年全线通车，未来从中心区只需15分钟可以到达香港西九龙。中心区优越的地理位置、便捷的交通设施（图8-3）、

图8-2 深圳市中心区实景（2012年）
Figure 8-2　City center of Shenzhen in 2012
图片来源：陈一新摄

本章内容由陈一新提供。
1　这里指深圳原特区范围327.5平方公里，2010年8月深圳特区范围扩大到全市1991平方公里。

良好的生态环境，是深圳建设 CBD 的最佳区域。

深圳因比邻香港，近 30 年来获得了良好的发展机遇。中心区因临近福田口岸，近 15 年也获得了蓬勃的发展机遇。

8.1.2 中心区位于深圳带状多中心组团结构的中心

根据 1981 年《深圳经济特区社会经济发展规划大纲》调整了特区总体规划布局，并编制完成了《深圳经济特区总体规划说明书》，根据特区狭长地形的特点，对以往总体规划进行了必要的修改和补充，调整了特区总体规划布局，确定了组团式城市结构作为深圳总体规划的基本布局[1]，将特区带状城市分成 7~8 个组团，形成多中心组团城市结构，组团与组团之间按自然地形用绿化带隔离，每个组团各有一套完整的工业、商住及行政文教设施，工作与居住就地平衡。各组团间有方便的道路连接，这样布局即可减少城市交通压力，又有利于特区集中开发。在 1986 年深圳特区总体规划图中编制了深圳带状多中心组团结构的示意图（图 8-4），其中福田中心区恰好位于特区组团的中心，在 1980 年代东西组团（罗湖、蛇口）开发建设后，东西向主干道已经贯通，特区公交走廊已经形成，因此，1990 年代开发位于带状城市中心的福田中心区，交通优势十分明显，大大降低了中心区土地的一次开发成本，也缩短了中心区"成活"的时间周期。

后来的深圳总体规划一直沿用了多中心组团结构的规划思

1　周鼎. 深圳城市规划和建设的回顾，深圳经济特区总体规划论评集 [G]. 深圳：海天出版社，1987：12-13.

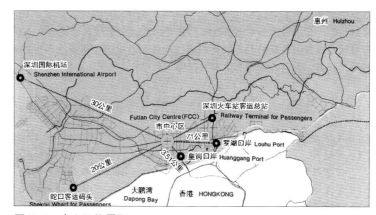

图 8-3　中心区位置图
Figure 8-3　Location map of city center
图片来源：深圳迈向国际——市中心城市设计的起步［R］. 深圳市规划国土局，1999.

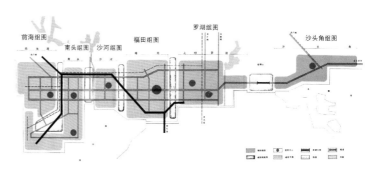

图 8-4　多中心组图结构
Figure 8-4　The structure of multi-center

想，并进行了成功实践。30 年后深圳城市空间规划建设运行效果证明：多中心组团式规划结构是符合深圳自然地理特征的，深圳社会经济的健康发展得益于多中心组团式规划结构。

8.1.3　香港产业三次转型是深圳中心区开发的机遇

深圳经济特区改革发展 30 多年来，经济社会与产业生产方式发生了三次重大转变，在最短的时间内完成了工业化和城市化进程，创造了前所未有的世界奇迹。深圳社会经济发展均得益于香港经济产业的升级发展，深圳中心区的开发建设得益于香港产业三次转型，同时，香港经济产业转型也离不开深圳及珠三角腹地的密切联系。

（1）第一次是 1952—1980 年，香港大力发展制造业，经济结构从转口贸易走向工业化阶段。迫于 1950—1970 年末朝鲜战争和联合国对华禁运的形势，香港开始走上工业化道路，实现了经济的第一次转型[1]。

（2）第二次是 1980—1997 年，香港制造业北移，内地经济特区推动香港经济成功转型，香港从工业化走向多元化经济结构。中国内地的改革开放为香港的经济发展带来了新的商机，推动了香港经济的第二次转型，也成为深圳特区开发建设的重要时期。该阶段是深圳经济产业发展的关键时期，深圳不仅完成了从农业向工业的转化，而且完成了从劳动密集型的"三来一补"加工业向工业自动化大规模生产的

转化，并开始深圳自主创新的信息化工业生产。

（3）1997 年以后是第三次转型，香港集中发展服务业，经济结构成功完成了从多元化向服务业主导的再次转型。1997 年亚洲金融风暴后香港的房地产泡沫破灭，其金融服务业总量也随之收缩，香港国际竞争力水平下降，迫使香港经济进行第三次转型。香港愈发注重加强与内地建立更加紧密的经贸合作，极大地推动了香港以转口贸易为龙头的服务业发展，金融、保险、运输、旅游、地产的发展进一步刺激了消费需求和投资意向，并吸引众多人员转向服务业。进入 21 世纪后香港服务业占比大于 90% 以上。

该阶段深圳城市产业转型的核心是优化结构、提高效益、集约发展，提升三次产业的比重，突出知识产业的地位。金融、物流、文化和高新技术产业一期被列为深圳经济发展的支柱产业，生产方式从大规模自动化向多样化产品转型和向模块外包与大规模定制的方式过渡。这既是深圳从工业社会中期向工业社会后期及后工业社会的经济发展形态的转变时期，同时也是金融业高速发展时期，以《内地与香港关于建立更紧密经贸关系安排》（CEPA）的签署及实施为标志，深港金融合作进一步加强，吸引香港金融机构后台处理中心落户深圳，就成为深圳市加快金融业发展的战略性选择。

1　余一清 . 香港经济转型问题探析 [J]. 商业经济研究，2008（24）：101-102.

8.2 城市中心区规划实施过程中的矛盾
Contradictions in Implementation of City Center Area Planning

8.2.1 人车分流二层步行系统实施难度大

深圳中心区人车分流二层步行系统包括中轴线及其周围连接 CBD 商务建筑裙房的二层步行平台、天桥等整个高架步行体系（图 8-5）。城市核心区的人车分流是深圳特区交通规划的理想模式，由来已久。但规划实施难度很大，无论是最早建设的罗湖中心区，还是后来建设的福田中心区，至今都未能完整实施一个片区的人车分流步行系统。

1985 年完成的《深圳特区道路交通规划咨询报告》[1]主张建立以公共交通为主的交通结构，组团内的道路格局在福田新区等地区应做到快、慢车分流，建成机动车和自行车两个系统，已建的罗湖、上步等老区也要因地制宜地逐步实现机非分流制。在罗湖商业中心、华侨城、福田新中心等人流集中的地区建立步行街区和步行系统，组织好步行区外围的汽车交通和停车场。这是极具远见的交通规划原则。特别是公共交通为主、人车分流的规划原则一直贯穿到福田中心区规划及实施的始终。

1986 年深圳特区总体规划提出："以一条正对莲花山峰顶的 100 米宽的南北向林荫道作为空间布局的轴线（图 8-6），与深南大道正交，形成东西、南北两条主轴。在中心区南北和东西各 2 公里距离的范围内，实行比较彻底的人车分流、机非分流、快慢分流体系，形成比较完整的行人、非机动车专用道路系统。"[2] 1987 年深圳第一本城市设计研究报告提出了中轴线是开阔的南北向带状绿地，以莲花山为北起点在山下向南形成了 250 米宽

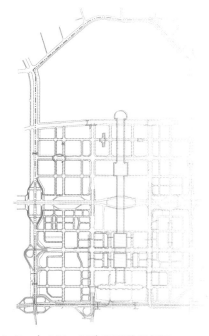

图 8-5　中心区二层步行系统规划图
Figure 8-5　Map of second level pedestrian system in the central area
图片来源：中心区第三版法定图则，佟庆制图

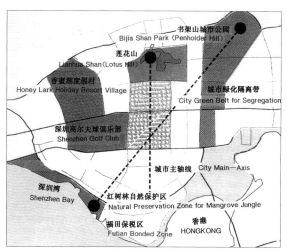

图 8-6　中轴线示意图
Figure 8-6　Schematic diagram of the axis
图片来源：深圳迈向国际——市中心城市设计的起步 [R]. 深圳市规划国土局，1999.

1　深圳特区道路交通规划咨询报告 [R]. 深圳特区道路交通规划咨询报告之一，中国城市规划设计研究院，1985.
2　深圳经济特区总体规划 [R]. 深圳市规划局，中国城市规划设计研究院，1986：18.

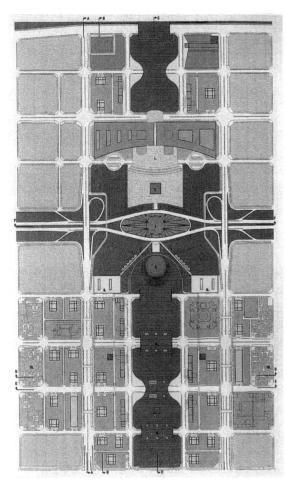

图 8-7　1996 年立体中轴线规划设计
Figure 8-7　Three-dimensional axis planning and design
in 1996
图片来源：李名仪建筑师事务所

的绿化带中轴线，在深南大道北侧的中轴线上建步行中央广场，使福田组团更具特色。后来历次 CBD 规划中始终保持这条景观轴线的承上启下，经过 1989 年咨询四家方案、1992 年控制性详规、1995 年 CBD（南区）城市设计、1996 年核心区城市设计国际咨询的优选方案（李名仪建筑师事务所设计的立体轴线，图 8-7）、1998 年中轴线详规（设计为多功能、多层数的复合公共空间）、1999 年城市设计及地下空间综合规划（确定了两侧下沉广场）、2000 年后探讨中轴线一气呵成建设机制、2003 年后又不得不分段拼接建设等等，中轴线规划设计思想一脉相承，内容形式不断丰富深化，建设过程一波三折。

　　尽管深圳中心区的中轴线至今尚未全面实施，中心广场方案仍在修改中，南中轴未完成，但建成后必将成为规模较大、人车分流、屋顶花园式轴线。作为东西向带状城市的深圳特区，CBD 首次创造了南北向中轴线，并已经展现其宏伟气势。中轴线从 CBD 开始逐渐向南、北延伸，向北连接深圳北站、东莞，向南连接香港，未来将成为深圳市的一条城市主轴线，既是深圳二次创业的城市中心，也是深港"一体化"的金融轴线纽带。如今，中轴线长 2 公里、宽 250 米（市民广场 600 米 ×600 米）、占地面积达 53 公顷（不含天桥），经过 20 多年的规划与实施，现已粗具雏形。景观轴线规划是 CBD 规划中的重要元素，甚至需要上百年继往开来的努力才能实现。市中心区中轴线景观与功能完美结合，空间规划前后一脉相承，可谓规划的一个成功案例。

　　既然中轴线工程"一气呵成"的梦想落空了，但还必须维持二层屋顶花园的统一景观设计，于是 2003 年市民广场与南中轴景观工程设计方案国际招标，期望有一个优秀的景观方案来弥补中轴线各地块建筑工程的"各自为政"。南中轴两个开发商按此次中标方案负责各自的建筑及景观建设。但两投资方建设进度参差不齐，33-4号地块于2006年建成营业，19号地块至2013年初未能竣工验收，原因是多方面的：开发商股权重组，该地块内大型公交枢纽站的建设资金未落实等等，致使会展中心连接19号地块的天桥完成施工后却未能接通。南中轴建设周期超过了10年，影响了中轴线的整体连通进程。南中轴已启用一半，剩余一半有待完善公交枢纽站建设，准备规划验收。中轴线实施了十年至今尚未连通二层步行平台系统（图8-8），导致中心区交通便捷的黄金地段，丧失了大好商机。

中心区人车分流二层步行系统实施了十年未能形成完整系统，反映出规划蓝图与规划实施体制的矛盾。虽然大城市规划建设非常需要人车分流的步行系统，但受限于土地使用权制度的产权问题、建设先后顺序问题、投资及维护管理等问题，况且，二层步行系统不能全部由政府出资建设和维护管理。二层步行的规划实施难度很大。理性分析，中心区人车分流二层步行系统作为城市公共空间的建设管理问题，是规划义务的分配问题，应在相邻土地使用权出让合同中事先约定建设的范围、建设资金、维护管理等条款。

图8-8　尚未连通的二层步行系统
Figure 8-8　Second level pedestrian system (not yet connected)
图片来源：陈一新摄于2012年

8.2.2　控规刚性内容过多，影响市场投资建设

深圳市中心区规划属于详细规划范畴，详细规划分控制性详细规划（控规）与修建性详细规划（修规）。现行详细规划的编制与实施办法与市场需求不相适应的种种矛盾，造成领导不满意、开发商不满意、市民不满意的"三不"现象。究其原因是由于控规刚性内容过多，修规常常缺位的问题引起的。

（1）区分控规与修规，刚性内容与弹性内容

规划理念上区分控规和修规的职责内容，即区分详细规划的不变内容

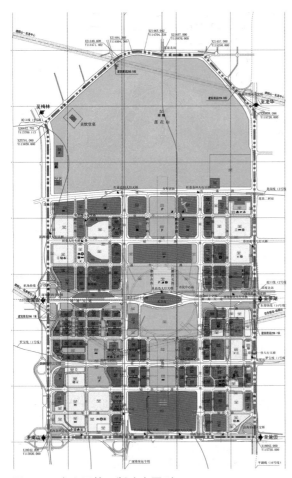

图 8-9　中心区第三版法定图则

Figure 8-9　The statutory chart of the central area, third edition

和可变内容，明确在中心区规划管理中政府和企业的定位和分工，政府管规划不变内容，市场主导可变内容。控规以长期有效的刚性内容为主，才能保持市场的灵活弹性。

刚性内容指不受市场经济变化影响，由政府长期控制管理的控规内容，无论城市经济起伏变化，产业升级换代，这些内容作为一个城市必备的公共产品持久稳定不变。弹性内容指控规内容中必须与时俱进，与市场经济密切联系的部分内容。划分刚性内容与弹性内容的原则是区分政府与市场的职责，凡属于政府必须提供的公共产品（如市政道路、市政配套设施）或政府须长期控制的城市面貌（如公共空间景观）等都应列入刚性内容，除此之外可由市场选择或与开发商协商实施的控规内容属于弹性内容。例如，深圳中心区第三版法定图则（图 8-9）相当于控规，确定的内容包括市政主次干道、市政支路、公共配套设施、地块划分后每个地块的功能大类、容积率可变幅度、公共空间规划设计指引等内容，它确定的应是城市长远不变的框架结构。

（2）政府负责管理刚性内容，刚性内容过多影响市场投资

既然政府为城市提供和管理公共产品，控规必须控制的就是城市长远的公共产品，即建设市政道路及公共配套，维护公共空间环境品质，制定建筑外部空间设计准则等，因此政府主导负责控规。但现行控规中的刚性内容过多，不仅包括城市公共产品，而且包括随市场变化的用地功能和地块容积率数值，这两项内容在土地开发过程中被申请修改的频率很高，影响了市场投资建设。因此，必须与时俱进，修改控规编制内容，使控规真正成为长期控制城市发展框架的公共产品。

现行规划管理重控规轻修规，以为控规全覆盖就能扭转政府规划跟不

上市场投资的被动局面。恰恰相反，控规全覆盖的刚性内容过多，无法与市场同步变化，反而影响了市场投资进程。"大跃进"式的控规全覆盖成果，能够实施内容仅市政道路、公共配套设施；每次出让土地必然修改用地性质中类、容积率等指标。修规在实际管理中较少编制，处于可有可无状态，政府期望控规既整片统筹又符合市场需求，即要求控规与修规融为一体，甚至以控规替代修规。政府对控规的期望过高，要求控规既控制公共产品，又适应市场弹性需求，反而一方面造成控规的刚性内容过多，市场弹性不足；另一方面城市公共空间的定量的刚性控制十分不足，造成城市公共空间的无序零碎。

8.2.3 修规缺位造成城市公共空间无序零碎

城市公共空间主要靠修建性详细规划组织序列空间和营造宜人的景观环境，每个单体建筑需要修规进行"编织缝合"才能形成整体优美的公共空间。现行详细规划管理中规定，控制性详细规划是城市建设行政许可的依据，修建性详细规划较少编制。因修规缺位导致城市公共空间无序零碎的现象比比皆是。修规既应面向市场开发需求，也要主导公共空间建设。即修规既承接控规内容，深化公共空间设计指引，也按市场需求进行适度调整，企业在遵守建筑外部空间设计准则、按照规划许可内容实施开发建设的项目都能利国利民。例如，政府控制中心区规划建设的市政道路框架和生态景观空间框架。让修规根据市场需要在土地出让之前分街坊编制，

"现编现用"保持市场经济的活力。但修规长期缺位，导致城市设计实施极其困难。然而，中心区规划许可必须以修规为依据（其余片区可以控规为土地出让依据），与项目需求"贴身"编制的修规设计才能取得社会经济和景观空间的双赢效果。因此，必须尽快扭转控规"过度"、修规"缺位"的局面。

"修规实施效果不佳"表现为城市建筑的轴、核、群、架、皮无序混乱，环境品质较差。现行控规不但缺少控制公共空间的形态、界面（城市设计内容不足），反而变成了对用地性质中类、容积率的指标控制，造成公共空间不连续、不舒适、不优美，在每个项目中被分裂成"各自为政"的形态，是为"千城一面"的根源，也是控规实施效果不佳的表现之一。

有序的公共空间需要修规详细定量的控制规定和指引，修规必须明确建筑群或街坊的公共空间定量设计的参数，必须统一建筑裙房的退线、高度、立面、颜色等做法，必须确定建筑塔楼在总平面中的布局位置（即在街坊设计中进行公共围合空间的形态设计、尺度设计），指引建筑塔楼的立面风格、局部统一的要素等，使每一组建筑群之间，每一栋建筑之间都相互"对话"，形成有序的公共空间和步行系统。深圳中心区22、23-1号街坊对于公共空间、骑楼的规划设计和建筑单体的体型、立面等要求都做出详细的、定量要求，规划实施后效果较好（图8-10）。这是修规成功实施的典型实例。

图 8-10　中心区 22、23-1 街坊实景
Figure 8-10　Central area 22, 23-1 street scene
图片来源：陈一新摄于 2012 年

8.2.4　管理机构频繁变更增加规划实施难度

现行详细规划的实施缺乏严格的规划管理程序，缺乏自始至终的规划班子，仅仅以"建设用地规划许可证"代替了详细规划对于建筑单体公共空间的指引和管理，而且"建设用地规划许可证"上主要内容为建筑功能及建筑面积指标，加上市政道路交通等方面的规定，通常没有标明详细规划对建筑单体的公共空间设计的定量规定。在这种管理情形下，管理机构频繁变更将进一步增加规划实施难度。例如，深圳中心区原本具有较系统、较理想、较完整的城市规划，但由于中心区开发建设的管理机构——深圳市中心区开发建设办公室，在运行八年后其职能主体几经变更，导致中心区规划蓝图的实施虎头蛇尾，中心区至今仍是未完成的工地。

深圳市中心区开发建设办公室，1996—2004 年运行八年后撤销，管理机构不稳定，严重影响规划实施效果。深圳市中心区开发建设办公室是一个典型的"没头没尾"的机构，1991 年深圳市政府已经决定第二个十年的开发重点是福田中心区，直至 1993 年福田中心区开发已经进入大规模的拆迁和市政工程"七通一平"的阶段，但仍未成立专门的管理机构。1996 年成立深圳市中心区开发建设办公室，设在深圳市规划国土局内，专门负责 CBD 范围内的地政、规划、市政、建筑等一系列管理工作，对 CBD 深化规划、实施建设做出了卓有成效的业绩。2004 年规划局、国土局"分家"时撤销深圳市中心区开发建设办公室，中心区管理职责划归规划局的城市设计处。2007年成立规划直属分局，CBD的规划管理又分两个部门：重大项目由城市设计处负责；普通项目在直属分局办理行政许可手续。2009年规划局、国土局又合并，中心区的重大项目仍归城市设计处负责，普通项目的行政许可手续在直属一局办理。中心区规划实施被人为地分成两个部门管理。事实证明，2004年以后中心区的重大项目进展缓慢，例如，中轴线二层步行至今未连通，证交所周边城市设计无法实施，2008年"两馆"方案中标后推延至2012年底才开工建设，水晶岛设计方案2009年国际竞赛确定中标方案后至2013年初仍未启动等事例不一而足。近几年中心区规划管理缺乏"指挥中心"，统筹协调不力，造成许多项目久拖未成。这是中心区规划实践的深刻教训。

深圳市中心区开发建设办公室整整运行八年，在新区管理机构中存在时间最短，不符合城市建设周期的规律。即使在当今中国快速城市化时期，一个CBD新区的建设周期至少需要15~20年。如果遇到经济危机，则周期更长。对比之下更易理解这样一个现象：为什么我国的新区开发建设10多年后就变成"旧城"？根源在于存在管理机构的临时性、职能设置不科学、运行机制不能持续等问题。因此，要良好实施规划蓝图，必须有一个稳定的、建管合一的管理机构，这是首要前提。

8.3　提升城市中心区规划实施质量的改进措施
Measures to Improve Implementation Quality of City Center Area Planning

8.3.1　建管合一的管理机构是规划实施的组织保障

（1）长期稳定的管理机构是规划实施的组织保障。作为 CBD 新区成功的实例：巴黎 CBD 拉德方斯的公共管理机构 EPAD 集规划、土地、建设、运行管理、维护更新等职能于一体，管理运行了 50 年（1958—2007），才使原规划蓝图完整实施，并在实施过程中不断增添光彩和活力，使拉德方斯成为欧洲最著名 CBD 之一。EPAD 运行 50 年撤销后，2007 年拉德方斯又成立了一个新的公共管理机构 EPGD 来负责监管拉德方斯的维护、保养、运营管理以及商业开发，通过优质维护和运营保持 CBD 商务活动的兴旺和吸引力。

（2）中心区管理机构的理想模式。政企合一进行中心区开发建设、建管合一负责中心区长期运行，这是中心区管理机构的理想模式。例如，宁波东部新城 CBD、杭州钱江新城 CBD，以及近年来新建立的深圳前海 CBD，都是政企合一的管理机构模式。建管合一保证开发建设的效率和效果；建管不合一，将导致开发建设效益的低下，规划难以全面实施。建管合一在长期运行管理过程中"拾遗补缺"和完善公共配套设施，进一步营造和建设中心区的文化环境，保证中心区在城市空间和城市文化中真正起到核心作用；建管不合一，将导致建设了十几年的新区变成"旧区"。因为规划实施包括从规划蓝图实施到长期维护管理的全过程，决不能以其中瞬间的、片段的工作阶段代替规划实施的概念。特别是

政府投资的公共场所的规划实施不仅指按规划蓝图进行工程建设，而且包括长期维护管理和组织公共活动，使公共空间部分保持长久的活力等全过程管理。因此，规划实施环节包括土地出让、建设工程规划许可、建设工程建设许可、竣工项目规划验收、公共空间的长期维护管理及其活动策划等管理程序。许多地方政府因为缺乏规划实施全过程的理念，造成一个中心区（新城区）才刚刚建设十年、二十年就沦落为"旧城"，成为子孙后代的不良资产和包袱。

深圳中心区管理机构——深圳市中心区开发建设办公室的工作职责是负责规划的深化编制与实施、地政管理、建筑工程许可、规划验收等全过程，是规划国土局内设的一个专业技术管理部门，是一个较"单纯"的业务管理机构，没有资金运作等财务、后勤管理工作，而且建成的运行归深圳市城市管理局管理，所以深圳中心区是一个规划、建设、管理分离的典型。因为深圳市城市管理局只负责卫生、绿化管理，所以中心区的公共空间至今没有运营管理机构。这里提出必须建立中心区长期稳定的建管合一的管理机构，保证规划实施。

8.3.2　控规的六项刚性内容确保城市构架系统

政府应管控的涉及公共产品的刚性内容，主要目标是确保城市构架的系统完整、高效率运行和长期稳定，因此，提出控规的六项刚性内容如下：

（1）用地性质大类——政府组织编制的控规只能确定用地性质大类，引导城市发展的产业布局或考虑职住平衡、市政设施、公共空间的规划，用地性质的中类、小类应该由市场开发选择决定，投资者应根据投资时的市场行情计算投入产出经济效益后决策用地性质的中类或小类，及其所反映的不同建筑功能比例在空间上的分布。

（2）主次干道、支路网（包括步行道、自行车道）的定位、断面规划设计——属于政府要提供的公共产品范畴。

（3）市政管线工程——政府建设和管控内容，市政管线要结合地下空间规划设计。

（4）地下空间规划——政府规划控制内容，有效开发利用地下空间能改善城市环境，政府必须充分利用地下空间解决中国城市化进程中特大城市的市政设施配套问题，集中建设地上、地下复合集中城市，发展立体化三维城市，谋求城市的重新建设，已成为今后城市规划的重要课题，也是特大城市发展的必然趋势。例如，垂直型城市空间的扩大，地下浅层将作为地上人类活动空间的补充，如地下街、大楼地下层、停车场以及连接各设施的地下通路网络；地下中层（位于地下浅层与深层之间）用于地铁、公路、下水沟、电气通讯管道、共同沟等，作为交通、生活、能源干线铺设的线状空间得到利用；地下深层不适于人类活动，适于建设下水处

理场、垃圾焚烧工厂、能源成套设备等基础设施[1]。政府必须重视地下市政工程管网、地下市政配套设施、地下轨道交通线路、地下公共空间等内容的规划设计。

（5）公共空间生态景观——控规必须编制的设计体系导则内容，将绿地、水系与街道、广场等开敞空间组成城市优美的生态景观视廊，用定性定量规划"体系导则"控制开发。

（6）市政配套设施——政府必须提供的公共产品，完善配套服务城市的文化、教育、卫生、体育等公共实施。

8.3.3　修规的八项实施内容能修补零乱的公共空间

为了解决详规实施效果不佳、公共空间零乱等问题，修规的三维空间规划设计必须深入细致，既要落实控规对本街坊公共空间设计要求，又要深入制定本街坊各建筑物外观设计的细部要求，才能形成优美的城市景观环境，才能使土地经济价值最大化，实现中心区规划建设精品。因此，城市设计的实施及维护管理在城市面貌中起着举足轻重的作用。现行规划管理的主要问题是：二维控规与建筑工程许可之间缺少详细的三维城市设计要求，控规内容反映在规划许可证上的刚性内容仅为建筑功能及容积率指标、道路交通出入口等，缺乏对公共空间尺度与比例的定量设计指引，造成城市界面凌乱。这种粗放式开发建设是对土地资源的极大浪费，也不利于环境保护和城市文化的传承。所以，修规应编制具体详

1　赵鹏林.关于日本东京地下空间利用的报告书 [R].深圳市规划国土局，1999：25-27.

细的、结合开发需求的三维城市设计，创造出优美的公共空间艺术效果，使人流连忘返。

本章创新提出修规必须实施的八项内容如下：

（1）在政府编制的用地性质大类的指导下，企业确定用地性质中类；

（2）在政府编制地块容积率幅度的指导下，企业确定地块容积率数值；

（3）总平面图及空间规划设计；

（4）交通组织设计方案；

（5）落实控规对本街坊公共空间的设计要求，包括绿化空间、水系、广场、公共通道、骑楼、退线距离等开敞空间设计；

（6）场地竖向规划设计；

（7）落实市政配套设施、市政工程管线及地下空间设计；

（8）制定本街坊各建筑物外观设计要求的地块导则。

如果上述八项内容能够在修规中得到高质量的编制和实施的话，那么城市的每一个片区就能形成优美的、连续的公共空间和赏心悦目的环境景观，这是领导者、规划师和市民们共同的心愿。

小结

大城市从规划到建设的过程充满矛盾，每一个居住在大城市的个体、企业也充满矛盾，大城市本身就是一个矛盾综合体。就自然人个体而言，一方面，人们需要集聚，需要更多公共资源，需要更多就业机会；另一方面，人们又向往景观开阔、空气良好的乡村环境，向往轻松自在的耕读生活，但这两者不能同时兼有。因此，城市不但需要住人的"机器"，实现"居者有其屋"，而且也需要景观优美的别墅区以满足不同群体的需要。就企业经济实体而言，一方面，企业需要人口密集的市场，需要优秀的人才，需要进驻市中心区的办公楼宇以塑造企业形象，赢得更多市场机遇和优秀人才；另一方面，企业办公地点也需要良好的交通、景观和空气质量，为企业和员工们旺盛的创造力提供优良环境。因此，企业办公地点最好也能兼顾城市和郊区的优点，既在繁华都市有销售点，又在广阔的郊区有景观办公室。企业不仅需要工业园区、中央商务区（CBD），也需要花园式的商务办公环境（CBP）。因此，城市的规划建设始终是在兼顾各种不同层面的需求条件下形成的产物。

大城市的中心区规划建设的整个过程也充满矛盾，中心区规划建设有其历史时代背景，有其经济产业发展阶段的市场需求，其开发机遇充满着生机活力，但其规划实施过程困难阻力不少，现实的利益需求与理想的规划蓝图总是存在矛盾，城市公共利益需要与开发商利益需求的矛盾存在于规划建设的始终。作为规划建设工作者的职责就是不断创新方法，抓住开发的机遇，解决建设过程的矛盾，以逐步改善大城市的宜居环境，不断提升大城市规划建设的水平。因此，从这个意义上讲，一个时期形成的城市空间是那个时期政治、经济、文化综合作用形成的产物，城市空间具有明确的时代特征。

9 城市开发区

City Development Zone

图9-1 国家级经济技术开发区地理分布示意图
Figure 9-1 Map of the geographical distribution of the national economic and technological development zones
资料来源：http://baike.baidu.com/view/887968.htm

图9-2 大连开发区
Figure 9-2 Dalian development zone
资料来源：http://baike.baidu.com/picview/42096/42096
/0/f2deb48f8c5494ee18d796e42df5e0fe98257e52.html#alb
umindex=0&picindex=0

中国的开发区从1980年代开始出现，其类型包括经济特区、经济技术开发区、高新技术产业开发区、保税区、出口加工区等。开发区的发展建设在一定意义上是中国近30年城市发展建设的主导因素，是中国经济快速发展的引擎，对推进我国工业化与城市化进程、带动城市空间扩张、空间结构演变与功能提升发挥了重要的作用（图9-1）。

城市的开发区实际上是城市的发展区，它起始于引进外资，在一个独特的机制下运转，直属于市政府领导，相对独立地工作。其级别相当于副市级，而规划局相当于副局级，市规划局则是指导单位，进行全面覆盖的详细规划。

开发区的职能是发展经济、引进外资，而现今则是双向起运。30年过去了，在经济上开发区成为城市主要支柱之一，也是人口集中的居住的地方。

例如大连的开发区离主城比较远，有近2小时路程，面积为30平方公里，现还包括大连民族学院、鲁迅艺术学院分院等高校，常住人口为150万人，而外来人口有50万人。随着外资企业的变化，国内企业也相继增加，实际上成为一个新型城市。大连的开发区由日本和韩国投资建设，规划得体，中心区有大片绿地，而政府紧靠道路，但距离城市路程较远，好似一块飞地。开发区的财政收入除税收外也靠卖土地来支撑（图9-2）。

本节首先概论开发区的贡献、生机、活力与矛盾，然后对整体空间结构的影响、新的生机、规划管理三方面分别论述，最后面向开发区的未来提出建议。

1　本章内容由王兴平提供。

9.1 开发区的贡献、生机、活力与矛盾
Contribution, Vitality, Vigor and Contradiction of Development Zone

9.1.1 开发区的贡献、生机与活力

开发区取得了举世瞩目的成绩，为国民经济和社会发展作出了巨大贡献。仅以国家级开发区为例，2009 年国家级经济技术开发区实现地区生产总值 17730 亿元，工业增加值 12482 亿元，工业总产值 51271 亿元[1]。2009 年国家级高新技术产业开发区实现生产总值 23117 亿元，工业增加值 15417 亿元，出口创汇 2007 亿美元，占全国总份额的比重分别达到 7%、10.8%、16.7%[2]。淄博、威海等 10 多个国家高新区生产总值占所在城市的比重超过 20%，30 多个国家高新区的工业增加值占所在城市份额 30% 以上，高新区已成为支撑当地经济增长的主要力量[3]。开发区发展 30 年来尤其是在改革开放初期，其主要的生机与活力在于以下几点：

（1）开发区是改革的试验区

开发区最早以经济特区和沿海开放城市开发区的方式出现，在改革初期发挥先行先试的作用，作为政策与体制的特区能够率先突破原有的体制束缚，其本质是"在小区域范围内建立市场体制"[4]，利用外资发挥企业活力，并以政府主导的方式有效地集中资源、创造条件、快速推进开发区发展建设，从而使中国经济获得了快速发展。

（2）开发区是对外开放的窗口

开发区顺应国际化的浪潮和国际资本转移的趋势，在我国比较薄弱的经济基础上，有效地引进和利用外资的同时，引进了大量人才、设备、先进技术、管理方式与理念等，通过广泛的国际合作深入地参与到世界经济发展之中。

（3）开发区是工业化的载体

开发区是我国的工业化的主要载体，通过主动与国际接轨、承接国际产业转移，在世界产业链条中获得了自己的位置，逐渐形成了制造业的比较优势，在国民经济中发挥了支柱作用。

（4）开发区是城市化的动力

开发区释放了城市化的巨大能量，使我国的劳动力资源优势得到发挥，提供了大量的就业机会吸纳农村剩余劳动力，这股巨大的拉力是我国城市化快速推进的动力来源。开发区通过土地优惠政策招商引资进行建设，实现了城市空间的快速扩张和城市空间结构调整。

9.1.2 开发区当前存在的突出矛盾

开发区经过 30 年的发展，其开发建设已经逐渐显现出一些问题：随着各种国家战略造成的政策普惠以及各级开发

---

1 彭森 . 中国开发区年鉴 2010[M]. 北京：中国财政经济出版社，2012.
2 《中国高新技术产业开发区年鉴》编委会 . 中国高新技术产业开发区年鉴 2010[M] . 北京：中国财政经济出版社，2011：104.
3 陈家祥 . 创新型高新区规划研究 [M] . 南京：东南大学出版社，2012：43.
4 鲍克 . 中国开发区研究——入世后开发区微观体制设计 [M]. 北京：人民出版社，2002：710.

区大量出现，开发区明显的政策优势已经不复存在；守住18亿亩耕地红线使得开发区粗放的圈地用地发展方式难以为继；受到金融危机以及国际资本转移的影响，外资投资趋缓；开发区大量高能耗、高污染企业长期以来造成环境污染。从空间角度进行研究，开发区在以下几个方面存在着比较突出的矛盾。

（1）开发区与城市：以区建城与产城分离的矛盾

开发区以区建城的模式，在城市空间扩张中发挥了主战场的作用。在开发区建设初期，通过主要交通线依托主城，开发区能够较快地发展建设，为主城人口提供了大量的工作岗位。但同时也产生了职住分离、钟摆式交通等一系列问题，开发区建设初期以生产为中心进行功能与空间布局，造成公共服务设施不足，其住房开发又以快速获益为目标而将客户定位偏离了在开发区就业的人群，致使产城分离问题长期存在。针对南京三大国家级开发区的调查表明，近1/3的人住在开发区而不在那里工作，约1/3的人在开发区工作而不在那里居住，职工的日常购物、就医、就学等活动超过60%在开发区以外满足[1]。一些距离主城较近、发展较快的开发区启动区面临功能转型，迫切需要转变成为新城的中心区。

（2）开发区与农村：圈地开发与城乡统筹的矛盾

开发区在发展过程中占用了大量农村土地尤其是耕地，较低的土地征收成本为以优惠政策招商引资创造了有利条件，但土地资源瓶颈使得圈地开发、低效使用的方式不可持续。征地拆迁过程中造成了一些社会问题，开发区低成本征收土地使很多失地农民失去生活保障，却不能提供相应的就业机会和公共服务，开发区的发展没有给当地农村和农民带来足够的好处，未能发挥城乡统筹、以城带乡的作用。

（3）开发区之间：错位发展与同质竞争的矛盾

在中国城市开发区的发展中，长期以来存在着总体数量过多、空间布局过散、空间规模过大、地价水平过低等问题[2]。在珠三角、长三角等开发区密集的地区和城市，开发区之间本应该形成资源整合、错位发展、协作配合的良性互动关系，但实际上同一地区、同一城市的开发区往往产业同构程度极高，彼此之间形成同质化的恶性竞争关系。以上海、杭州、苏州、南京、宁波5市国家级高新区与经开区为例，5个城市的高新区产业结构几乎没有区别，同时高新区与经开区产业结构也有较多雷同[3]。

（4）开发区内部：集聚而非集群、相邻而未合作的矛盾

开发区形成了产业集聚但大多没有形成真正的产业集

1　王兴平，等.开发区与城市的互动整合 [M].南京：东南大学出版社，2013：220-221.
2　王兴平.中国城市新产业空间——发展机制与空间组织 [M].北京：科学出版社，2005：121.
3　王兴平，等.开发区与城市的互动整合 [M].南京：东南大学出版社，2013：20.

群，依赖优惠政策吸引了大量同类企业集聚在同一个地域，却没有形成产业链条的上下游关系，这些企业彼此之间的依存度低，企业的根植性差，企业容易受到不同开发区乃至地区的优惠条件相对变化影响而迁移。

很多开发区内部有一些大学新校区或者与大学城毗邻，大学本应该对开发区的科研项目和人才发挥支撑作用，但实际上两者关系较弱，并没有形成密切的产学研互动关系，这也是相比于硅谷等世界著名科技创新聚集区，我国开发区创新能力不足的重要原因。据对南京的调查，开发区的高校多以低年级本科生教学为主，教职工多生活在南京市区，工作穿梭于学校本部与开发区校区之间。对开发区高校教职工和学生的问卷表明，50% 的人表示对开发区不太了解，71%的人不知道本校与开发区是否有合作项目 [1]。

1　王兴平，等 . 开发区与城市的互动整合 [M] . 南京：东南大学出版社，2013：222.

9.2 开发区介入对大城市发展区空间结构的影响
Interventional Effect of Development Zones on Spatial Structure of City Development Areas

开发区从设立之初到发展至今，一方面自身经历了由独立产业组团向综合城市片区发展的多个阶段，另一方面它的介入也对大城市发展区的空间结构产生了巨大影响。在空间分布上，王兴平（2005）将开发区主要分为街区型、边缘型、近郊型和远郊型四类。出于对开发过程中土地成本、交通区位、社会拆迁成本等因素的考虑，除了位于城市建成区内部的街区型，其他三类开发区选址多位于大城市发展区内部（图9-3）。

伴随着建设规模、功能定位、空间形态等多个方面的不断发展优化，开发区直接或间接地推动大城市发展区的空间结构发生变化——从无到有、从单一到综合、从边缘到中心。自1984年首次批准设立以来，开发区的数量呈现爆炸式增长，各级各类开发区在全国尤其是东部城市涌现出来。正是地方政府认识到开发区对带动地方发展的作用，刺激了开发区的大量成立，甚至导致国家一度整顿其建设情况，这也从侧面印证了开发区对塑造大城市空间结构具有的巨大能量。

9.2.1 开发区不同建设阶段对城市结构的影响

在初期阶段，开发区被定位为以生产职能为主体的独立功能组团，在一定程度上以"特区"的形式突破税收、土地、产业、融资等多重政策门槛，借助发展特权迅速推进当地工业化和城镇化，对加速地区现代化作出了巨大贡献。通过"九通一平"和项目落户，将生产功能由城市内部转移到开发区，

将大城市发展区纳入城市管理范畴，通过这种从无到有的建设来扩大城市范围。集聚的发展要素与优厚的发展条件使得开发区成为城市拓展的首选空间，启动区成为带动城市发展的有力引擎。开发区的高效建设使原有的空白地区迅速发展为城市空间结构上的重要节点，工业化拉动城镇化是该阶段发展的主要表征。

随着建设的不断推进，开发区进入快速发展期。开发区规模逐渐扩大，产业逐渐成熟，承载的功能不断完善，一个以生产功能为主体，以居住、公共服务、市政交通为配套的城市功能组团初具雏形。开发区一方面在外延规模上迅速成长，推动大城市发展区的不断扩张与拓展；另一方面在内涵功能上不断完善，促进启动区城市功能的进一步优化与复合，加速该地区由大城市发展区向大城市成熟区的转化。在外延与内涵两方面，借助与城市的互动与整合，开发区不断完善自我建设，为更好地进行生产活动提供保障；加上就业岗位的增加与人居环境的改善，人口向该地区迅速集聚，进而带来数量巨大、形式多样的社会需求，导致越来越多的社会活动在该地区发生。这加速了主城服务功能向该地区的溢出，相应地提高该地区的功能复合程度，城市职能由单一的生产转向综合，城镇化促进工业化是该阶段发展的主要表征。

当进入稳定期与成熟期之后，开发区面临与大城市成熟区对接一体发展的局面，开发区将由一个独立组团发展为城

市中的一部分。开发区的各个领域基本都融入城市之中，市场主导下的城市地租要求该地区调整产业结构、改善人居环境，生产功能被再次挤压到新的城市边缘。开发区启动区淘汰附加值低下的第二产业置换为附加值高的第三产业，采用较高的开发强度来换取巨大的区位价值，采用丰富多样的城市建筑替代之前单一枯燥的工业建筑，增加用于改善人居环境的公园绿地广场等用地的投放比例，使得大城市发展区一改城乡结合部的传统风貌，进而发展为日益成熟的城市片区，实现由城市边缘向城市中心的转变。开发区无论在区位、功能，还是空间、形态上，都与成熟的城市地区无异，并且在城市结构中开始扮演片区中心的重要角色，工业化与城镇化持续互动是该阶段发展的主要表征（图9-4）。

9.2.2 开发区改变城市结构的实例分析

苏州工业园区、昆山经济技术开发区、南京江宁（国家）经济技术开发区等多地实践充分证明开发区介入对城市发展区域空间结构发挥重要影响这一论断。

以苏州工业园区、苏州高新区建设为例，在1985年之前，苏州市发展主要集中在古城区内部，外围只有少量建设。1986年到1994年苏州工业园区正式批复，苏州市由古城四向蔓延型向轴向东西拓展型转变，"跳出古城建新城"的城市空间结构逐渐形成。随着1995—2000年前后相城区开发区、吴中区开发区和高新区在北、南、西北的各自发展，城市空间结构转变为"四角山水五组团"。随着东部苏州工业园区、昆山经济技术开发区的建设拓展逐渐连为一体，苏州市发展为"T轴双城双片"的新空间结构。正是开发区的不断发展实现了苏州市空间的不断拓展和结构的逐步演化（图9-5）。

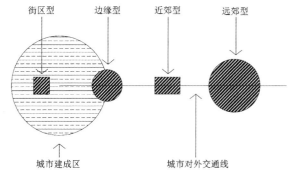

图9-3 不同区位开发区类型示意图
Figure 9-3 Schematic diagram of different types of regional development zone
资料来源：王兴平. 中国城市新产业空间——发展机制与空间组织 [M] . 北京：科学出版社，2005.

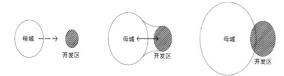

图9-4 开发区不同建设阶段与母城关系图
Figure 9-4 Map of the relation between different construction stages of development zones and the mother city
资料来源：王兴平. 中国城市新产业空间——发展机制与空间组织 [M] . 北京：科学出版社，2005.

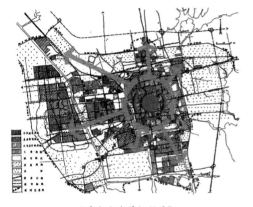

"填充古城单核扩展"

资料来源：徐民苏．苏州市城市总体规划介绍［J］．
城市规划，1986(5).

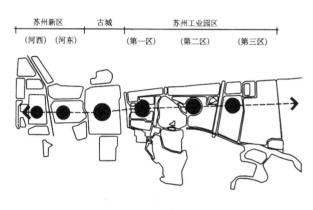

"跳出古城建新城"

资料来源：苏州工业园区第二、三区总体规划［J］．苏州工业园
区规划建设局，1995.

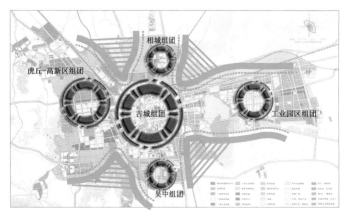

"四角山水五组团"

资料来源：根据《苏州市城市总体规划（1996—2020）》改绘

"T 轴双城双片"

资料来源：依据《苏州市总体规划（2007—
2030）》改绘

图 9-5 苏州市空间结构演变图

Figure 9-5   Map of the evolution of Suzhou city spatial structure

以南京市为例，南京市的开发区建设成为推动南京城市空间拓展、加速城市空间结构成型的重要因素，开发区基本上与南京都市区空间结构的主要轴线叠合。

其中最典型的江宁（国家）经济技术开发区其前身为1992年江宁县办工业区，启动区位于南京主城南部、江宁老城区西侧的百家湖地区，规划面积仅2.15平方公里。启动区作为一个发展节点，拉伸江宁东西向城市轴线，表现为"一主一副"的城市结构。至1997年启动区建设基本完成、达到饱和，开发区沿道路向南迅速拓展，在规模上和江宁老城区基本相当，"双核"结构初步形成。到2002年，开发区的生产功能基本建设完成，配套的居住、公共服务等社会功能开始迅速发展，以江宁老城区和开发区启动区共同组成的新江宁中心逐渐形成。2003年之后，随着江苏省委省政府"退二进三""优二进三"等产业结构调整政策的出台，江宁（国家）经济技术开发区启动区开始转型发展。生产功能从启动区逐渐外迁，以服务业为主的城市功能内填，丰富的建筑形式、较高的开发强度、宜人的空间形态都暗示着新江宁中心已经发展成为承载片区服务功能、疏解主城压力的东山副城中心。在新一版的南京市总体规划中，江宁区城市结构被纳入南京城市结构之中，之前的江宁区内部东西轴线被与南京主城的南北轴线所取代。江宁（国家）经济技术开发区通过将近20年的开发建设和不断探索，历经提档优化与转型升级，由游离于南京城市结构之外的单一生产型节点发展为成熟的综合型中心，对优化城市结构具有重要意义（图9-6，图9-7）。

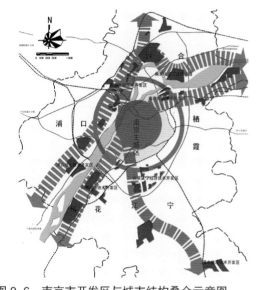

图9-6　南京市开发区与城市结构叠合示意图
Figure 9-6　Superimposed diagram of Nanjing development zone and the city structure

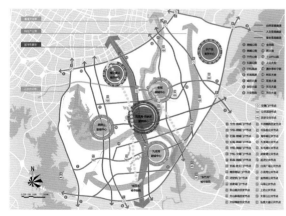

图9-7　南京东山副城空间结构规划图
Figure 9-7　Planning map of the spatial structure of Nanjing vice city Dongshan
资料来源：南京东山副城总体城市设计．东南大学城市规划设计研究院，2000．

9.3　创新集聚是开发区新的生机
Innovation Cluster is New Vital Force for Development Zones

创新是经济增长的动力，是国家、地区与城市兴旺繁荣的关键，是当代企业的核心竞争力。开发区已经随着开发区数量太多、政策普惠而失去政策优势，面对日益严峻的资源环境条件限制、国际投资减少、结构调整转型发展等压力，开发区在当前发展阶段新的生机就在于创新。

9.3.1　国家高新区的创新集聚

高新区是承载我国发展高新技术产业主要的产业空间，在创新集聚方面走在各种类型开发区的前面。我国高新区的产生过程就与科学技术、新兴产业和智力密集区密不可分。1984 年中国科学院有关专家学者借鉴美国硅谷的经验，根据国外开发区的发展历程和类型，提出了在中国创办科学工业园的建议，1986 年国家开始实施"863"计划，1988 年国务院批准实施以兴办高新技术产业开发区、高新技术服务中心为主要任务的"火炬计划"，从而拉开了我国建设高新区的序幕[1]。从 1988 年第一个国家高新区——北京新技术产业开发试验区开始，到 1991 年第一批 26 个国家高新区，至 2010 年底，我国批准和从省级升格的国家高新区达到 83 个。据 2009 年国家火炬中心统计信息，国家高新区的高新

技术产业收入、产值、增加值均占全国的 50% 以上。国家高新区已成为我国发展高新技术产业的支柱，对国民经济的贡献巨大。从国家高新区高新技术产值占所在区域高新技术产业份额来看，长三角地区高新区占 34.7%，珠三角地区高新区占 25.7%，环渤海地区高新区占 38.4%[2]。

国家高新区集聚了丰富的创新资源，其创新能力的构建在于抓住了创新活动中的三个层次：人才、企业、产业。

（1）吸引大量创新人才

2009 年，国家高新区从业人员大专以上学历达到 384.7 万人，占国家高新区从业人员总数的 47.5%，其中硕士 31.7 万人，博士 3.8 万人，吸收了 3.6 万留学归国创业人员[3]。这些高层次创新创业人才成为高新区创新的核心要素。

（2）发挥企业的创新主体作用

2009 年国家高新区企业研发投入占比超过全国研发投入总量的 1/3；区内企业授权的发明专利为 16020 件，占国家全部企业授权总量的 50%，每万人专利拥有量达到先进发达国家水平。一批具有核心竞争力的企业如华为、联想、中兴、百度等开始走出国门，参与国际竞争[4]。

1　陈家祥．创新型高新区规划研究 [M]．南京：东南大学出版社，2012：26.
2　陈家祥．创新型高新区规划研究 [M]．南京：东南大学出版社，2012：42-43.
3　《中国高新技术产业开发区年鉴》编委会．中国高新技术产业开发区年鉴 2010[M]．北京：中国财政经济出版社，2011：107.
4　《中国高新技术产业开发区年鉴》编委会．中国高新技术产业开发区年鉴 2010[M]．北京：中国财政经济出版社，2011：104.

（3）催生产业集群

国家高新区建立了从技术研发、技术转让、企业孵化到产业集聚、集群的一整套产业培育体系，集聚了全国 50% 以上的高新技术企业、贡献了30%~50% 的主要高新技术产品产值，已成长起一批有竞争力的产业集群，如北京中关村科技园的芯片设计、上海张江高新区的集成电路制造、武汉东湖高新区的光电光缆、大连高新区的软件外包服务等 [1]。

9.3.2　案例：南京科教创新集聚区

作为我国省会城市中科教资源、交通区位、开放环境最为优越的城市之一，南京近年来加快了由知识型城市向创新型都市圈发展的步伐，在空间规划与载体建设方面，跳出并合理利用高校密集的老城区，在城市外围的绕城公路与绕越公路之间重新配置创新要素，在城市社区层面，大力推进科技创业特别是社区建设，优化和激活其知识型城市的潜在能量，创新型城市建设成效显著（图 9-8）。

与美国波士顿第 128 号公路作为"美国的科技高速公路"的崛起相类似，在南京绕城－绕越公路环上，环状与放射状高快速交通汇集、轨道交通发达，机场、高速铁路站等围聚周边，同时绕越公路沿线跨越南京明外郭—秦淮河"百里风光带"文化景观带串联的三大主要放射楔，即牛首—将军山绿楔、方山秦淮河景观带、青龙—紫金山山林生态楔，生态环境优越。沿线1980—1990 年代建设了江宁经济技术开发区、栖霞经济开发区、南京经济技术开发区、雨花经济开发区等产业园区，同时建设了南京大学、东南大学、河海大学、南京航空航天大学的新校区和江宁大学城、仙林大学城、浦口

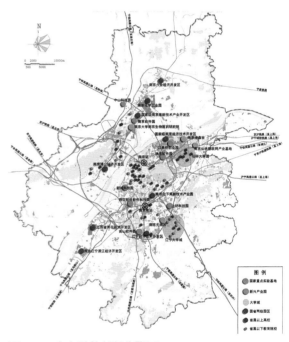

图 9-8　南京科教创新集聚区
Figure 9-8　Nanjing science and technology innovation cluster

1　《中国高新技术产业开发区年鉴》编委会.中国高新技术产业开发区年鉴2010[M].北京：中国财政经济出版社，2011：104.

大学城等，是典型的"科教创新集聚区"建设的最佳区位。近年来，伴随着城市格局的调整和功能升级，南京市顺势引导，在该环形地带布局建设了麒麟科技创新园、金港科技孵化基地、迈皋桥创业园、雨花软件园、南京仙林物联网产业基地、江宁无线谷、江宁液晶谷、江宁医药谷等等，成为国内不可多得的科教创新集聚区的密集地带。南京创新资源因此而由局限在老城区走向在更大范围的都市圈配置和辐射。

为了进一步促进开放与创新的融合，南京在江宁、高淳、溧水、浦口、麒麟规划建设总计占地 20 平方公里的南京国际企业研发园。其中的南京东山国际企业研发园总规划面积 2.42 平方公里，位于南京市东南部，北临主城秦淮区，东接麒麟生态科技城，南边与南京高新园无缝对接。研发园自 2011 年成立以来，坚持以"集约化、专业化、信息化、社区化、国际化"为建设标准和运营模式，致力于引进低碳、智能、总部、研发类产业。园区从人才引进、企业培育、产学研合作对接、国际化发展等方面开展工作：13 人入选市"321 引进计划"；帮助企业积极申报省市科技项目立项 9 个、省民营科技企业认定 13 家；与东南大学等高校产学研合作，完成签订产学研合作协议 10 项；组织并承办了"首届全球（南京）研发峰会"，成为国际科技园协会（IASP）正式成员；与中意技术转移中心合作，成为"中意企业创新孵化基地"成员单位；园区还承担了"中丹风能与智能电网国际创新中心"合作项目。开园不到一年，研发园实现 GDP 410.22 亿元，总产值 150.3 亿元，销售产值 146.8 亿元。

9.4 开发区密集地区规划管理
Planning and Management of Areas in Intensive Development Zones

9.4.1 开发区发展与规划管理的相关性

（1）规划管理促进开发区用地合理布局

通过科学的规划管理，促进开发区用地合理布局。一是通过规划编制管理，实现各种类型用地的合理分配、合理布局；二是通过有效的规划管理，确保按照规划的意图来开发建设，使科学合理的规划方案得以落地。在开发区建设中，往往不缺少好的规划方案，但由于规划管理上的原因，规划反复调整、不按规划内容进行建设，造成开发区实际建设的效果与原来的有很大差距。通过科学有效的规划管理，能有效地促进开发区用地合理布局。

（2）规划管理提高开发区土地利用效率

规划管理上通过对开发强度、投资强度、建设强度的调控，来提高开发区的土地利用效率。在上一轮开发区建设的热潮中，形成以"圈而不用"、"多圈少用"为特征的开发区圈地热，造成土地使用效率低下甚至大量的用地闲置。根据统计，2003年全国各类开发区规划面积已达3.6万平方公里，超过了当时城镇建设用地总量，而全国开发区土地有43％闲置[1]。在规划管理上，引入开发强度、投资强度、建设强度的下限控制指标，即建筑容积率不达到

一定的最低限度不允许开工建设，有效地提高了土地利用效率。

（3）规划管理提升开发区招商引资环境

规划管理上的灵活、便捷、高效能有效提升开发区招商引资环境。"开发区招商"号称"天下第一难"，根据商务部2012年最新资料，目前全国共有132个国家级经济开发区，还有各省级开发区，以及市级、乡镇一级的工业园区，造成开发区招商引资的激烈竞争。各地不惜出台各自优惠政策，提升和改善环境。规划管理作为项目落实的一个重要环节，如果能做到规划管理上的灵活、高效及快速应对，对提升开发区招商引资环境具有很大的帮助。

9.4.2 开发区规划管理的特殊要求

（1）规划管理目标导向及侧重点的特殊性

开发区虽然是城市的一部分，但作为有着自身特点和特殊需求的地域，其规划管理的目标导向和侧重点上有着明确不同。作为城市规划管理部门来说，更看重的是经济、社会、环境综合效益以及城市整体环境的改善；而开发区规划管理更看重的是如何改善投资环境、降低投资成本、简化程序（表9-1）。

---

1 全国开发区土地43% 闲置 [N/OL].（2003-11-07）.http://finance.sina.com.cn .

表 9-1　开发区规划管理和城市规划管理的侧重点对比

Table 9-1　Emphasis comparison between the development zone planning and city planning and management

目标	开发区规划管理重点	城市规划管理重点
改善环境	投资环境	综合环境
降低成本	投资成本	综合成本
简化程序	快捷	精简
加强服务	亲商	亲民

资料来源：王学锋.试论开发区规划管理的几个问题 [J]. 城市规划，2003(11):39-64.

（2）规划管理权限需求的特殊性

根据全国科学技术名词审定委员会的定义，开发区就是为促进经济发展，由政府划定实行优先鼓励工业建设的特殊政策地区。开发区拥有比城市其他地域更多的经济管理权限和优惠政策，例如国家级开发区实行管理委员会的管理体制，管委会作为所在省或市级以上人民政府的派出机关，代表所在省或市人民政府对国家级开发区实施统一管理。除经济管理权限和优惠政策外，有些地方为促进开发区的发展，甚至将规划管理、土地审批等权限也一并下放给开发区管理。

（3）规划管理对象的特殊性

开发区在功能上以工业类用地为主，兼配置必要的商业设施、办公设施类用地。一般来说，工业用地在建筑形态、建筑风格上较为简单，不像公共类建筑有较多的变化空间。所以开发区在规划管理上要适应这种特殊功能要求的安排，简化流程，提高效率。例如上海市对工业园区内的标准厂房、普通仓库工程在规划审批上就免予建设工程设计方案审核，直接办理建设工程规划许可证。

（4）规划管理效率上的特殊性

为适应开发区招商和发展的需要，开发区的规划管理要做到高效、快速、便捷。在全国大量的各种类型开发区的竞争下，开发区的招商引资变得越来越困难，尤其在一些发展基础、发展条件、基础设施不是很好的地区。作为开发区招商软环境的规划审批，也成为影响企业选择入驻的一个重要影响因素，在其他同等优惠条件下，规划审批上的规范性、高效性成为影响企业最终入驻的决定因素。

9.4.3　适应开发区发展要求的规划管理变革

（1）统一管理

开发区与城市的关系是整体与局部的关系，开发区是城市的一个分区，城市是拥有开发区的城市；开发区应该是城市的有机组成部分，而不是一个在空间结构、城市功能上的独立王国，开发区在规划上必须与城市功能、城市路网、城市基础设施紧密相连。根据《中华人民共和国城乡规划法》、国务院[1]和建设部[2]的相关要求，城市规划区内及其边缘地

1　国务院《关于加强城乡规划监督管理的通知》（国发〔2002〕13号）。
2　建设部《关于进一步加强与规范各类开发区规划建设管理的通知》（建规〔2003〕178号）。

带的各类开发区的规划建设，必须纳入城市的统一规划和管理之中，开发区不得设立独立的规划管理机构。

开发区统一管理的方式可以是机构整合或者是委托管理。一是机构整合，将开发区规划机构整合为市规划管理部门的派出机构，实施开发区的统一管理。二是委托管理，在机构调整比较困难的情况下，按照《中华人民共和国行政许可法》的相关规定，市规划管理部门可以将相应的规划管理权限委托给开发区进行审批，委托单位要对受委托单位进行指导、监督、监管，并承担附带的法律责任；受委托单位要自觉按照委托协议的内容开展审批工作，并自觉接受委托的管理和监督。

目前南京市各国家级开发园区采用的是委托管理模式，以南京经济技术开发区为例（图9-9），根据《市规划局关于将规划行政事项委托给有关区政府、园区行使的通知》，市规划局将以下权限委托给南京市经济技术开发区管委会行使：①紫金（栖霞）科技创业特别社区区域内《建设项目选址意见书》、《建设用地规划许可证》、《建设工程规划许可证》的核发。②南京经济技术开发区200平方公里（宁委发〔2012〕34号）区域工业、市政基础设施及专为工业生产配套的公共设施等建设项目的《建设项目选址意见书》、《建设用地规划许可证》、《建设工程规划许可证》的核发。③受委托核发《建设工程规划许可证》项目的建设工程验线、规划条件核实，并按照南京市人民政府275号政府令的规定，负责建设项目的监督检查。

（2）规范管理

规划审批是一项行政许可，规划管理本质上是一种技术管理，就应该按照《中华人民共和国行政许可法》和相关法律法规的要求，做到规范管理。一是要按照《中华人民共和国城乡规划法》和已批准的规划、规划技术标

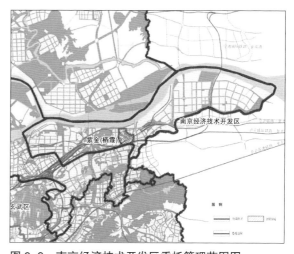

图 9-9　南京经济技术开发区委托管理范围图
Figure 9-9　Map of entrusted management scope of Nanjing Economic and Technological Development Zone
资料来源：南京市规划局

图 9-10　南京市城市规划管理系统联网示意图

Figure 9-10　Nanjing city planning management system network diagram
资料来源：南京市规划局

图 9-11　南京化学工业园区管委会规划审批表单图

Figure 9-11　Nanjing Chemical Industrial Park Administrative Committee planning approval diagram
资料来源：南京市规划局

准规范进行审批，做到全市一个标准、一个尺码，不能因为是开发区而有所降低。二是做到审批系统的信息化，适应信息化时代的要求，运用规划管理系统进行审批，提高审批的规范化。三是做到规划管理系统的联网审批，做到全市规划管理部门、开发区规划管理部门的规划审批系统与市规划管理部门联网，这样全市规划管理部门及各区、各开发区规划管理部门能做到数据共享、信息共通，避免审批中的矛盾。以南京市为例，目前实现了 7 个直属分局和委托管理的开发区的规划管理系统联网。如图 9-10、图 9-11 所示，新港开发区（南京经济技术开发区）、南京高新技术产业开发区、化工园规划土地开发局等部门与市规划管理部门连成了一个整体。

（3）高效管理

高效管理是开发区的生命力，规划管理应通过相应的变革，以满足开发区发展对规划管理的需求。一是审批机构集中设置，将与企业建设落地有关的规划、国土、建设、工商等部门集中设置在一起，避免手续办理时的来回折腾。例如在中国—新加坡苏州工业园区设置了企业一站式服务中心（图 9-12），方便企业集中办理。二是推行并联审批，对原来需要一个一个串联办理的部门进行相应合并，执行并联审批。例如，2008 年 10 月，上海市政府将市房屋土地资源管理局和城市规划管理局合并组建了规划和国土资源管理局，两局合并后，将两局有关土地管理的行政领域的前后审批、串联审批，改为平行审批、并联审批，把建设项目选址意见书和用地预审归并，把建设用地规划许可证和建设用地审批归并，把建筑工程规划许可证和建筑用地批准书归并，即由原来的 6 个环节归并为 3 个环节，极大地缩短了审批周期，提高了行政效率。三是简化规划调整程序。开发区主要以工业用地为主，适当的规划调整和优化对规划整体影响不大，可以不必遵循像房地产开发类项目那样严格的规划调整程序，而代之以简易的程序，如联合会审，或者将审核规划调整的权限下放给市规划部门等。

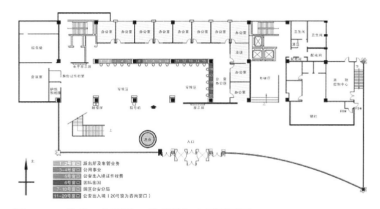

图 9-12　苏州工业园区一站式服务大厅平面图
Figure 9-12　One-stop service hall plan, Suzhou Industrial Park
资料来源：http://ossc.sipac.gov.cn/engine/gettemplate.jsp?temp_Id=22

9.5 面向未来的建议
Suggestions towards Future

9.5.1 政策改革建议

（1）完善促进开发区转型的管理政策。改变园区管委会不完全政府的治理模式与"重建设、轻管理，重经济、轻社会"的机构功能，健全其作为地方政府的完整职能，培育基层社区组织，加强社会服务职能。

（2）落实"就业—居住—公共服务"三元融合的引导政策[1]。有效地促进开发区向新城转型，完善城市功能，减少钟摆式交通，改善人居环境质量。应避免与就业和公共服务相脱节的房地产开发，住宅建设主要定位服务于本区的就业人群，同步或提前建设各类公共服务设施。

（3）探索打破城乡二元制度的相关政策。开发区在设立之初就是政策试验区，在当前的发展阶段，更应该成为推进制度改革和政策创新的试验区。产城协同发展应打破行政隔离，促进各类产业园区与相邻城乡地区一体化发展，实现服务设施共享。改革土地、户籍制度和社会保障制度，促进城、乡不同权属土地依托园区平台实现有机对接，以及基于城镇化、产业发展的利益共享，为园区就业者从半城镇化到完全城镇化扫除制度障碍。

9.5.2 产城融合策略

（1）新产业空间与母城区的整合，既是对历史上形成的母城区单向支持新产业空间机制的调整，也是对新产业空间发育起来以后和母体矛盾的缓和与调整。新产业空间与母城区往往由于用地和设施利用以及各自的功能定位而产生矛盾，因此，新产业空间与母城区的整合主要是功能整合、用地整合、设施整合，以及必要的行政区划整合[2]。

（2）以多层次规划统筹促进产城的系统融合。产城互动可分为三个层次：在宏观层面，要关注"城市＋园区"的融合；在中观层面，关注园区内部"生产＋生活功能"的融合；在微观层面，关注个体居民及家庭。坚持整体规划、分步实施，指导产城的有序融合。由产业园区走向产业新城是一个长期、循序渐进的过程，要根据产城融合的阶段性特点与规律，妥善处理好产城融合过程中的各种问题。

（3）科学规划公共配套体系，支撑产城的有机融合。公共产品作为政府掌控的重要空间引导性要素，应当成为开发区与城市空间整合的有力抓手。特别是要对重要的公共设施用地进行规划预留，结合开发区自身发展的规律逐级引导、

1　王兴平. 基于家庭就业—民住—公共服务耦合视角的新型城镇化研究[R]. 第十五届中国科协年会25分会"产城互动与规划统筹研讨会"上的报告，2013

2　王兴平. 中国城市新产业空间——发展机制与空间组织[M]. 北京：科学出版社，2005：131.

适度超前地配置公共设施，保证公共服务供给的有效性。

9.5.3　推进开发区再开发研究与实践

开发区再开发是指对开发区既有建成空间的优化利用，主要包括开发区功能配置的优化提升、空间利用的集约化改造。开发区既有的开发和利用模式已经暴露出诸多问题，必须进行适当的再开发，保持开发区的可持续发展。开发区的再开发存在许多其他城市空间再开发无法比拟的独特优势，有可能创造出中国城市新的精明增长之路[1]。开发区再开发是长三角、珠三角等区域城市功能提升与空间重构、开发区功能完善与空间集约利用、产业升级改造与保持核心竞争力的必然选择。

（1）开展开发区再开发模式与规划引导策略研究。科学判定再开发方向、模式、路径，对于引导城市空间的整体和谐持续发展，将发挥重要指导作用。针对开发区特有问题，提出有目标、有步骤、有重点、可操作的规划引导策略。

（2）进行开发区再开发的政策研究。保障再开发活动有序进行，避免出现土地价值流失和开发混乱等问题。一些城市政府和开发区已经开始重视再开发政策的研究与设计。

（3）在开发区再开发实践与实验中探索。实际上开发区的再开发实践已经逐步展开，目前这些项目主要集中在启动区的工业用地转商业用地方面，下一步重点将转为工业用地转科技研发用地，试点一部分项目来暴露问题积累经验，然后完善相关的政策规定以广泛开展再开发实践。

9.5.4　培育创新的"土壤"

开发区的转型发展必须依靠创新，地方政府已经开始重视培育和吸引创新型人才。有一个引起广泛讨论的问题是"如何才能培养出中国的乔布斯"，其实相比于硬件设施建设，更重要的是创新的"土壤"。创新的"土壤"是宽容的社会环境，要能够宽容各种各样的自由发展，能够鼓励冒险容忍失败，甚至能够包容异类，只有这样的社会氛围才能吸引和留住创新人才，才能鼓励创新和创业活动。

宽容的社会氛围在部分城市和局部地区是有可能先于整体环境实现的，例如硅谷崛起就是由于其独特的鼓励尝试、容许失败的创新与创业文化而吸引了美国乃至世界的人才与企业的聚集，近年崛起的奥斯汀的宽容氛围使其比匹兹堡等拥有名牌大学的大城市更能吸引创意阶层。开发区尤其是高新区由于其自身特点，在培育创新环境方面具有独特的优势，开发区无论地理位置、物质环境还是管理体制都相对独立，思想观念受到的束缚比其他城市地区要少一些，在鼓励创新的硬件和软件方面都有一定的基础，最重要的是开发区已经聚集并将继续引入大量的高学历人才、青年人才、创新型人才，这些人有可能共同营造一种地区文化、一个更具吸引力

1　王兴平，袁新国. 开发区建成区的"再开发"：中国城市的精明增长之路［D］// 第三届城市再开发专家亚洲国际交流会论文集. 天津，2009.

的社会环境。

　　回顾改革开放就是一个逐步试验、放权与许可的过程，开发区需要做的是减少政府在思想文化领域的管制，进一步发挥市场、人才和企业的作用。在改革开放初期开发区是市场体制的特区，而在当前的发展阶段开发区应成为思想与观念的特区，成为宽容社会环境的先行区与示范区。在培育宽容的社会环境方面，东南沿海比中西部地区更有优势，开发区比主城更有优势，高新区和科技园区比其他类型的开发区更有优势。创新人才聚集在开发区不仅是为了工作，更重要的是为了能够过上他们向往的生活，如果这里逐渐形成了一种比别的地方更有吸引力的社会氛围，将会在全国范围吸引更多的、更杰出的创新人才，也更有可能在当地培养出新一代的创新人才，只有到了那个时候我们才能期盼本土的乔布斯。

10 城市地下空间发展

Development and Utilization of City Underground Spaces

城镇人口占比（%）

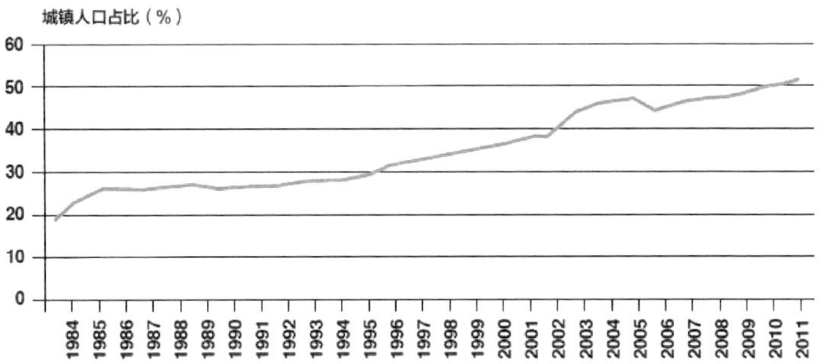

图 10-1　1984 年至 2011 年中国城镇人口比例表
Figure 10-1　Chinese urban population ratio from 1984 to 2011
图片来源：笔者根据《中国统计年鉴》绘制

图 10-2　中国城市化率增速情况
Figure 10-2　The growth rate of Chinese urbanization
图片来源：笔者根据《国际统计年鉴》绘制

10.1　地下空间与城市发展
Underground Spaces and Urban Development

10.1.1　城市急剧发展的需求

　　自 1978 年改革开放后，30 多年的经济高速增长，使中国城市化（Urbanization）[1] 得到跨越式发展，从 1980 年的 19.60% 上升到 2011 年的 51.27%，已经接近发达国家城市化率标准（图 10-1）。从城市化率的增速上看更为惊人，1980 年至 2010 年，中国城市化增长值高达 25.30 个百分点，比世界增长值 11.58% 高出 13.72 个百分点[2]。其间，全球城市化年均增长值为 0.39%，中国年均增长值为 0.84%，中国城市化率年均增长值是全球平均值的 2.15 倍[3]（图 10-2）。

　　中国城市由于其所处的环境和自身的国情，城市化进程具有独特的发展轨迹和特点。尤其近几年以来，如此大规模、高速度的人口短时间内涌向城市，必然给城市的持续、快速、健康发展带来了一系列的矛盾。过度膨胀的人口、越来越紧张的城市土地、日益严峻的环境形势，出现在城市化进程的每个阶段，使得中国城市建设所取得的巨大成就大打折扣。

　　因此，城市空间格局的研究工作，还需通过更深入的理论探讨，寻求更多样化的解决方法。原先，单一化、纯粹化

本章内容由邵继中提供。
1　城市化：又称都市化，是指人口向城市聚集、城镇规模扩大以及由此引起一系列经济社会变化的过程，其实质是经济结构、社会结构和空间结构的变迁。
2　中华人民共和国国家统计局 . 中国统计年鉴 2012[M]. 北京：中国统计出版社，2012.
3　中华人民共和国国家统计局 . 国际统计年鉴 2011[M]. 北京：中国统计出版社，2011.

的城市发展理论似乎不能很好地解决问题的根本。故而，最佳的城市空间格局应该是多种空间格局的共存，综合发展，在进行分散型城市化的时候同时注意结合城市的集约化、立体化的发展方针。这样的理念为城市地下空间的蓬勃发展带来了最佳契机。

10.1.2 地下空间对城市空间的作用

（1）引导城市空间发展方向

目前，国内外大城市的轨道交通都承担了大运量集散的功能，地下空间在城市公共交通方面起到的作用日益突出。到目前为止，上海共建成运营 12 条地铁线路，北京建成运营 16 条地铁线路，香港建成运营 10 条地铁线路，巴黎建成运营 16 条地铁线路，伦敦建成运营 12 条地铁线路，纽约曼哈顿建成运营 6 条地铁线路，东京建成运营 13 条地铁线路。根据不完全统计，世界上已经有超过 100 个城市运营地铁，线路长度可以达到 5000 公里以上[1]。

在平面拓展上，城市大规模建设地下轨道系统与地上客运线组成立体客运输送系统，并沿轨道交通轴线进行逐步开发、整合及建设，从而引导城市平面空间发展方向。在空间层次上，地下与地上空间的建设和开发能实现有机地结合，且相互促进。通过与轨道交通的整合，城市空间层次通过地上和地下的空间充分利用可以得到最大的拓展。

（2）促进城市空间结构优化

近年来中国城市建设有很大发展，城市面貌改观显著，但是旧城区的改造和新城区的改造与建设，以及各类开发区，如科技园区、物流园区等的建设，任务仍十分繁重。按发达国家大城市发展经验，不论是旧区改造还是新区建设，都应实行立体化的开发和再开发，使地面空间与地下空间呈三维式协调发展。按照城市立体化再开发的一般做法，在地下轨道交通沿线和不同线路交汇的节点处建设地下综合体，把交通、换乘、停车、商业组织在一起高效联系，对于区域商业的繁荣，空间结构的优化有很大促进作用。

（3）协调城市整体宜居发展

在城市发展与建设过程中，不可避免地出现土地资源稀缺、能源消耗而引发城市热岛效应、水资源和大气环境污染等问题。地下空间的开发利用为城市提供了大量后备空间资源，为解决这一系列问题开辟了有效的途径。也可以说，城市整体宜居发展对开发利用地下空间提出了客观需求，符合城市发展的规律。

如果城市的建设仍采用传统的方式推进，势必会出现空间发展与土地稀缺之间的矛盾。而开发地下空间、走集约化发展模式，是解决这一矛盾的有效途径。在国内一些城市新区的规划、建设过程中，都非常重视地下空间的开发利用。

1　数据来源：笔者根据各方面数据，总结至 2011 年。

如杭州的钱江新城、南京的河西新城等，对地下交通、市政、人防及公共设施和地下空间的规模及开发时序均有详细的规划和设计。

随着城市建设的不断深化，各类城市的综合性基础设施趋向于地下化。城市在环境保护方面要达到净化空气、降低噪音、保护水资源、提高城市卫生清洁质量的目标，除了上述大力建设地下交通设施的措施以外，市政管线的共同管沟、地下步行道、地下能源设施、地下水利设施、地下废弃物处理设施等大量基础设施必须设置在地下空间。地下空间具有良好的抗震性、稳定性、隐蔽性、防护性及隔音性等特点，正适合于城市基础设施的要求。

（4）保障城市公共防灾能力

城市在各种自然和人为灾害面前越来越表现出其脆弱性，大力开发地下空间可有效地解决这一问题。利用地下空间防护能力强和有利于物资贮存等优势，建立起完善的地下防灾空间体系和地下物资储备系统，对保障城市安全、提高城市抗灾抗毁能力是十分必要的。因此，城市在建设过程中需加强地下空间开发，以此提高城市的防灾能力，使城市安全得到可靠的保障。

地下空间既是城市宝贵的经济资源，又是城市宝贵的战备资源。在战争爆发时，地下空间可以疏散、隐蔽大量人员，是防核武器及常规武器袭击的重要手段之一。开发地下空间应走平战结合的道路，走平时功能与防灾功能相结合的道路。

在制定城市地下空间规划的过程中，除因考虑与地面建筑的规划相协调外，还必须考虑城市综合防空、防灾问题，使地下空间开发利用与提高城市总体防灾能力有机结合起来，从而提升城市在发生战争或自然灾害时的稳定性和恢复能力。

10.1.3　国外城市地下空间开发利用

国外地下空间的发展已有150年的历史，经过一系列的探索、研究和实践，发达国家城市的地下空间开发利用已经从雏形发展到相对成熟阶段，无论是施工工艺还是管理措施都已经形成了一套相对成熟的体系。地下空间的开发利用起始较早、成就较高的主要是日本、美国、加拿大及北欧等发达国家，其空间形态发展经历了从大型建筑物向地下的自然延伸发展到复杂的地下综合体（地下街）、再到地下城（与地下快速轨道交通系统相结合的地下街系统）的历程。

地下空间的作用也在不断丰富，从原来单纯而分散的地下市政设施发展到现今的地下综合管线廊道、地下大型能源供应系统、地下大型雨水收集及污水处理系统，以及地下垃圾真空回收处理系统。城市市政设施表现出地下化、系统化、集约化的趋势。现在巴黎、伦敦、柏林等城市的地下电缆建设早已接近100%。

（1）法国巴黎拉德方斯新区

拉德方斯（La Défense）是位于巴黎西北部的新城，是巴黎大都市区最首要的中心商务区，用地面积为14平方公里，是欧洲最大的专用型商务区，区内有IBM、日立以及法国本国 20 家最大的企业中的 14 家总部,其主要企业的年销售额相当于法国每年的预算总额(图 10-3)。拉德方斯的总体设计体现了现代和未来城区的多功能设计思想,别具匠心。其新区与老城的轴线与有着悠久深厚文化底蕴的古老巴黎遥相呼应,相映生辉。经过近 20 年分阶段的地上、地下整体化建设,拉德方斯已成为地面高楼林立,地下系统完备,集办公、商务、购物、生活和休闲于一体的现代化城区。

拉德方斯新区为减少交通设施和市政设施对城市地面景观和整体城市功能的分割与破坏,规划设计了规模庞大的地下空间系统。新区几乎将所有的交通设施和城市基础设施都放入了地下,其中包括 6 条地下机动车道路、2 条地下轨道、3 个地下公交线路首末站、2.6 万个地下停车位及各种地下市政管网系统。同时,结合达到 86 公顷步行化区域,实现人车分流的同时美化了城市环境,有利于整个城市的可持续发展。

立体交通系统。拉德方斯对城市交通系统进行了创新的多样化、多维度的空间设计,建立高架、地面、地下一体化的交通系统。高速铁路、地铁、地下高速公路、地下步行系统共同构筑高效便捷的换乘系统。一方面,立体化的交通有效优化了新区作为交通主体的公共交通系统,解决 75% 的新区人流通勤问题;另一方面,地下化交通系统通过地下、地面、地上功能区的组织,将人行、车行功能垂直分离,实现了地面完全绿化和步行化,达到了功能与流线的垂直分区,减少动静交通之间的干扰(图 10-4)。

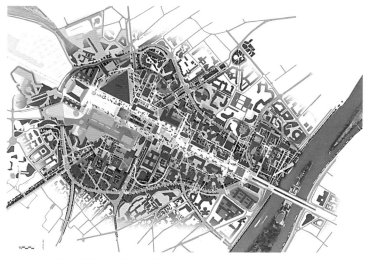

图 10-3　拉德方斯新城平面布局
Figure 10-3　Plan of La Défense

图 10-4　拉德方斯新城地下空间示意
Figure 10-4　Underground space of La Défense

整体空间结构。拉德方斯立体化的空间结构充分利用地下空间资源构建新区内双层城市的格局。新区地面层是城市道路、公交及货运等服务交通区。地下一层为人行以及通道空间，布局上利用地下轨道交通串联商业服务、零售、餐饮和娱乐等功能。停车安排在地下二、三层。整个新区整体利用地上、地下复合、立体空间，史无前例地利用巨大的立体地下交通体系将人与车流彻底分开。同时，地下空间的大规模开发也为地面水池、树木、绿地、铺地、小品、雕塑、广场等留出充分空间，提供一个步行便捷、配套设施完善、环境怡人的商务办公区（图 10-5）。

科学管理实施。拉德方斯规划前期充分考虑与地下空间的衔接，倡导城市空间的立体化发展，有效地节约开发成本及时间。拉德方斯于 1958 年开始建设开发，建设早期依赖市场推动，后期以政府引导开发为主。因为强有力的政策保障使得长达 40 年的开发周期中，始终贯彻地上、地下整体开发的指导思想。

（2）蒙特利尔地下城

蒙特利尔地下城（Montreal's Underground City）是指加拿大魁北克省（Quebec）蒙特利尔市（Downtown Montreal）中心附近的地下交通及综合性商业区，是目前世界范围内开发体量最大的城市地下空间。地下城大约 12 平方公里的建设区域，位于两个重要的地理景观中间，北抵皇家山脉，南达圣劳伦斯河。除发达的商业之外，也是城市居民重要的社会文化活动之地。在地质条件优良的岩石层中的蒙特利尔地下轨道系统如同蛛网般致密、丰富，且功能强大。蒙特利尔地下城的全面发展，借机于地下轨道系统，始于 1960 年代，经过 1970 年代的扩张、1980 年代的巩固和 1990 年代的大型项目，形成了目前拥有面积达 360 万平方米、2 条地铁线 10 个车站的

图 10-5　拉德方斯新城整体空间结构
Figure 10-5　The overall spatial structure of La Défense

地下空间。总长度为32公里的地下步行系统，将地下高速公路、中央火车站、大型停车场、室内公共广场、大型商业中心、办公楼等连接成地下网络系统，形成当之无愧的"地下城市"（图10-6）。

对于蒙特利尔城而言，城市的地下空间有助于减轻主要交叉路段汽车与行人的交通冲突，缓解了停车需求，减少了空气污染。通过地下城和商业街之间的积极合作关系，商业区的核心一直保留着独特的活力（图10-7、图10-8）。促成了一个对于商业街、公共空间和私人项目都有益的、繁忙且充满生机的地区。

地下空间人性化开发。蒙特利尔地下城的开发体现了人性关怀的思想：发达的地下步行道系统，以其庞大的规模、方便的交通、综合的服务设施和优美的环境，保证了在漫长的严冬气候下各种商业、文化及其他事务交流活动的进行；以人的需求作为出发点，通过科学的行为研究，了解人在地下空间的行为内涵，从而设计完善的地下空间设施；利用地下空间的特点，将餐饮、娱乐、休闲、购物为一体；积极采用自然采光系统，减少地下的压抑；设置清晰统一的标识系统，缓解地下方向感的缺失；布置丰富多彩艺术作品，增加城市文化气息；广泛采用地下绿化植物，排除污染，净化空气。

注重生态环境。通过把握和突出城市自身特色，以文化来增添城市的魅力。蒙特利尔是法国海外最大的法裔城市，有着鲜明的法国特色，其城市景观别具风格。大规模的地下空间系统开发使得老城区保存了地面欧陆风格建筑。无论是规划还是建设，每一个细节都注重体现人与自然的和谐。地下空间使得城市保留着大片绿地，绿树成荫，鸟语花香，浑然一体，人与自然和谐共处。

管理模式科学。蒙特利尔的地下空间开发成功，是当地政府认真落实

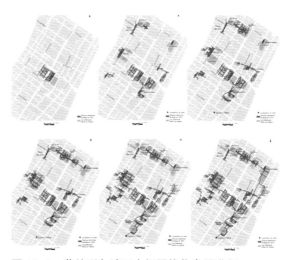

图 10-6 蒙特利尔地下空间网络化发展进程
Figure 10-6 The network development process of Montreal underground space

图 10-7 蒙特利尔地下商业空间
Figure 10-7 Montreal underground commercial space
图片来源：孙晶晶拍摄

图 10-8　蒙特利尔地铁空间
Figure 10-8　Montreal subway space
图片来源：孙晶晶拍摄

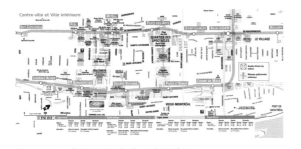

图 10-9　蒙特利尔的地下空间布局
Figure 10-9　Montreal underground spatial layout

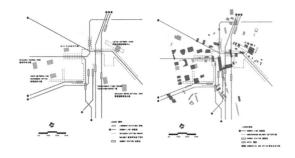

图 10-10　新宿中心区地下空间
Figure 10-10　Underground space of central Shinjuku

规划、长期提供政策引导和服务的结果。政府通过反复论证，使规划设计方案得以实现，制定优惠性政策给予鼓励，给予土地价格优惠，从而通过地下空间促进了城市层面布局的立体开发模式（图 10-9）。

（3）日本副都中心新宿

日本新宿副都（Shinjuku）是以新宿车站为中心的地区，隶属东京都新宿区管辖。与涩谷、池袋并列为东京都的三大副都中心之一。地处从西部进入东京的两条重要地域干线道路甲州街道和青梅街道的交叉口上，距东京站的直线距离约 6.3 公里，共有 9 条地铁线路由此经过，地下行人流量已占人流总量的 45.3%。新宿副都总占地面积为 270 公顷，商业、办公及写字楼建筑面积达到 200 多万平方米，形成东京的超高层建筑聚集区，集中了大量的企业总部和政府机关（图 10-10）。

由于新宿副都区域用地紧张，1967 年前后建成的贯穿新宿车站东、西两侧商业区的"都会地下大步道"为该地区地下空间大规模发展起到了关键引导作用。到 1990 年代，新宿地下商业空间开发已形成从西口甲州大道到东口歌舞伎町的、总建筑面积达 11 万平方米的地下商业街网络系统，地下空间也从单纯的商业性质演变成具有多种城市功能。

新宿车站地下空间就是其中最为典型的代表，其交通、商业和其他设施共同组成功能相互依存的城市地下综合体。新宿车站位于新宿中心，是汇集了 JR 线、地铁、私营铁路共十数条电车的日本最大的枢纽站，每天乘客多达 80 万人次。大约 58000 平方米的地下零售空间设施，包含中高档零售、餐饮及公共服务。新宿车站地下空间与京王广场、新宿政府大楼、伊势丹高级购物中心和地铁站区地面购物组团互相连通，形成网络化发展。新宿车站地下空间是东京最大的交通枢纽，地下交通服务与各项商业服务在新宿车站区形成复杂而功能强大的地下空间体系。

功能复合。新宿副都的建设中特别关注地下与地上功能的有机复合，通过地下空间的构筑，努力为城市居民提供集合商业、艺术、文化娱乐一体化的地下购物天堂。

步行系统。新宿副都创造了一个多元功能、充满活力的城市空间，倡导行人优先的顺畅步行体系，充分挖掘地下空间功能潜力，使整个设施与周边道路、车站以及其他商业设施等有机联系为一个整体，创造出一个以公共空间为主体、市民容易接近、舒适宜人的商业环境（图 10-11）。

环境保护。对区域机动交通进行渠道化组织，使地下空间与自然环境有机融合，巧妙地引入阳光和绿色，提升地下空间环境质量。其中商务办公区开发部分的面积约为 56 公顷，商业机能部分的面积约为 81.1 公顷，绿地广场道路等的面积约为 130.5 公顷。

10.1.4　国内城市地下空间开发利用

中国真正现代意义上的城市地下空间开发利用始于 1960—1970 年代。基于当时特殊的国内国际形势，地下空间以人防工程、地下工厂和地下铁道开发建设为主，其中部分工程在利用上实现了平战结合。时间发展至当代，随着中国城市化进程的进一步加快，城市人口大幅增加，城市后备建设用地资源也呈现紧张的情况。中国很多城市不得不面临诸如地面发展空间不足、交通状况恶化和环境污染等问题。如何合理有效地开发利用地下空间，已成为当今规划管理者们的关注焦点问题之一。综合衡量中国城市的发展速度和特点，地下空间开发呈现出两种趋势：一是，大城市的地下开发由单一的量的增长逐步转入到以交通功能为重心的综合化、网络化发展上；二是，随着城镇化、机动化进程的推进，中型城市逐渐成为地下空间开发

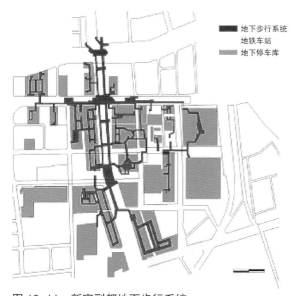

图 10-11　新宿副都地下步行系统
Figure 10-11　Underground pedestrain system of Shinjuku
图片来源：笔者绘制

的主要方向，地下空间的开发潜力十分巨大。

（1）北京中关村西区

北京中关村西区位于海淀区核心地带，是中关村科技园区的核心区域。占地面积为 94.6 公顷、总建筑面积 340 万平方米的规划区域东临中关村大街，西接苏州街，北起北四环路，南至海淀南路。西区核心区（或称"小西区"）为北四环、中关村大街、丹棱街、彩和坊路围合的中心区域，建筑面积约 150 万平方米，其中在建面积约 25 万平方米。

严格意义上说，中关村西区不是中央商务区，而是属于原旧城全部拆迁重新建设的新建商务区。总面积达到 19 万平方米的地下空间分三层开发，地下一、二层规划为商业、娱乐、餐饮、停车等，面积为 15 万平方米；三层为长 1900 米地下综合管廊。建成后的地下空间集商业、餐饮、娱乐、健身、地下停车库于一体，不仅在区位优势上确立了交通核心的地位，在配套服务设施上也把整个西区有机地联系为一体（图 10-12）。中关村西区结合国情及自身的设计特点，营造了全国最大的立体交通网，创立综合管廊＋地下空间开发＋地下车行环廊的三位一体的地下综合构筑物模式，将综合管廊和地下车行环廊作为载体，是地下空间开发与地下车行环廊融为一体的综合地下空间（图 10-13）。

中关村西区在地下空间设计理念上主要有以下特点：

地下交通组织。中关村西区地下空间的设计注重地上地下的交通组织。考虑到地下空间识别感不强、易迷失的特点，在地下空间内部的大框架交通组织设计中采用与地面道路网方向一致的设计原则，同时结合地下车行环廊，使得地下空间交通高效、便捷、舒适。

景观的丰富。西区地下空间的设计也充分考虑地面景观园林的设置，

图 10-12 中关村西区整体城市空间
Figure 10-12 Overall urban space of Zhongguancun west area
图片来源：笔者拍摄

采用大型采光窗有效利用自然光，避免幽暗环境。同时充分利用地势的自然特点开设侧窗，把地上繁茂古树的绿意引入地下，这些做法既丰富了地下空间，又部分满足了采光通风要求。

满足心理需求。地下空间开发的内部在主要通道上大量采用成组的自动扶梯，并在其周围设置内天井，既打破了地下单调的空间形式，又弥补了使用者在心理和生理上对地下空间的恐惧。

（2）杭州钱江新城核心区

杭州市钱江新城的核心区总用地面积为 4.02 平方公里，地面总建筑面积 650 万平方米，以办公、金融贸易、科研信息、空港服务、行政管理为主要功能，其次为生活居住、商业、娱乐等功能，是一个现代化的、景观特征鲜明的城市商务中心区。

钱江新城在地面建设开发时，同步进行地下空间的规划和设计，以文化和生态为规划指导思想，以地下交通枢纽为核心，紧密结合地铁站发掘商机，通过地下快速干道、地下公路隧道、地下步行系统建设立体化交通系统。在实现高效率的交通同时，充分利用地下空间解决地面人车混杂问题，改善地面环境，形成地下图书馆、地下博物馆和市民中心、杭州大剧院、科技馆等地下建筑构成的地下"人文轴"。富春江路结合地铁换乘站和地铁站大力发展商业，形成地下"商业轴"。钱江新城在对地下空间的规划、建设、管理等方面，也提出了极富创建性的指导。建成后的钱江新城地下空间总开发量为 200 万 ~230 万平方米，其中地下停车面积为 90 万 ~120 万平方米，竖向以 0~15 米浅层开发为主，以 -15~-50 米深层开发为辅（图 10-14），形成以地铁站为中心，连接地下商业街，并与中轴线市民广场大型地下空间相交的整体区域布局（图 10-15）。

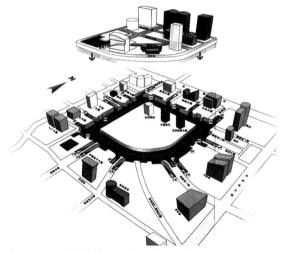

图 10-13　中关村西区地下车行环廊示意
Figure 10-13　Underground automobile traffic corridor of Zhongguancun west area

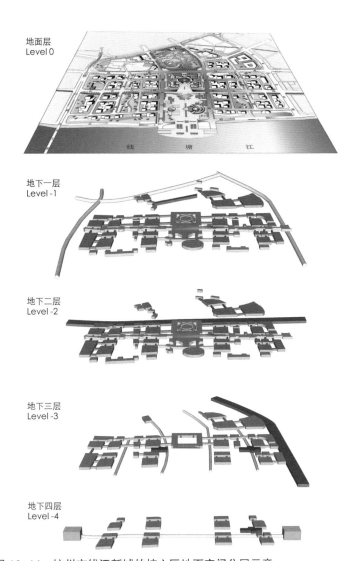

地面层
Level 0

钱　塘　江

地下一层
Level -1

地下二层
Level -2

地下三层
Level -3

地下四层
Level -4

图 10-14　杭州市钱江新城的核心区地下空间分层示意
Figure 10-14　Layered map of underground area in core of Qianjiang new city,
Hangzhou
图片来源：钱江新城地下空间规划

图 10-15　杭州市钱江新城的核心区地上、地下一体化空间实景
Figure 10-15　Scene of integration of overground and underground in
core of Hangzhou Qianjiang new city
图片来源：笔者拍摄

空间形态。地下空间以中轴线和富春江路的"十"字线为核心。在钱江新城核心区地上、地下整体规划设计过程中，不仅在宏观的把握上做出了突破，而且在细节的塑造上极具匠心，尤其是利用地下空间对城市天际线的成功塑造，贯彻了"波浪文化城"的思想理念（图 10-16）。

文脉气质。核心区地下空间将文化赋予外在形态，特色鲜明。地下空间结合杭州的城市性格和气候特点，完善并修正地上部分规划和城市设计，通过体现地方特色和文化内涵，将阳光、空气及水系引入地下，创造舒适、安全、经济、实用的地下空间体系，构筑了多姿多彩的都市生活场景。

管理实施。钱江新城是我国首个真正意义上建成的有着大规模地下空间的城市，这得益于规划控制、设计引导、政府建设实施和后期的运营管理。对规划设计的彻底执行以及政策的一贯性，是钱江新城能够最终落实地下建筑建设的最根本的原因。

（3）深圳福田商务区

深圳福田商务区在约 4 平方公里范围内，规划总建筑面积为 800 万平方米，容纳居住人口 7.7 万人，规划 2 个地铁车站和大量的地下停车场，地下商业空间达到 40 万平方米（图 10-17）。深圳市政府最后通过评审并修改过的地下空间设计方案，结合了德国欧博·迈耶竞赛方案的"十字交叉形"地下空间主轴和美国 SOM 竞赛方案关于地下空间开发中的经济考虑作为福田商务区的设计框架。

在经济上，商务区充分考虑地下空间开发中的投资效益，将地下空间设置为对中心区起辅助作用并且经济实惠的设施。在空间上，中心区地下空间发展是以地铁网络骨架体系为基础（图 10-18），逐步形成以大型公共建筑密集区、商业密集区、地铁搭乘站、城市公共交通枢纽为发展区的地下商贸、娱乐空间形态。整个规划设计将罗湖、上步、福田中心区三个片区利用地下空间体系联结成为一个规模庞大的商业空间。

地铁网络是地下空间开发的骨架，深圳市的地铁发展起步较晚，但正正因如此，使得深圳地铁的发展可以更好地借鉴其他城市的地铁发展经验，从而使深圳市地铁规划起点较高，在地下空间的发展规划中使地铁线路突破了交通功能，去掉成为地下商业街的联结体系。同时，福田商务区地下空间不仅具有商业功能，也具有市民集散的广场功能和转乘、疏散的交通功能。地下商业有水景、有阳光、有绿化，环境舒适宜人，这使得市民在地下"新城"购物、娱乐同在地上一样方便舒适。

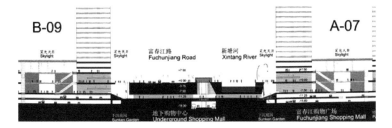

图 10-16　杭州市钱江新城的核心区空间竖向示意
Figure 10-16　Section-elevation of Hangzhou Qianjiang new city underground space
图片来源：钱江新城地下空间规划

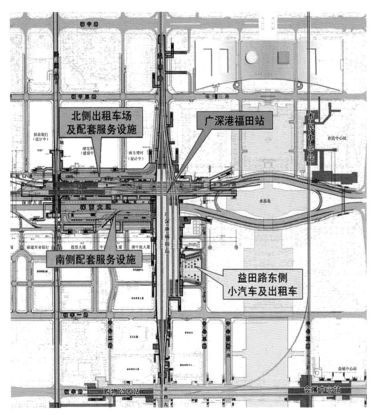

图 10-17　深圳福田商务区地下商业
Figure 10-17　Shenzhen Futian underground commercial
图片来源：笔者绘制

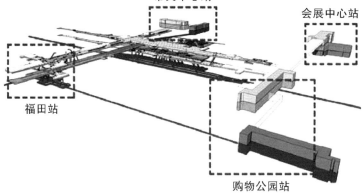

图 10-18　深圳福田商务区地铁网络骨架体系
Figure 10-18　Shenzhen Futian commercial district subway system
图片来源：沈学军 . 我国第一座地下综合交通枢纽 [J]. 华中建筑，2011（6）.

10.2 地下空间发展指导思想
Guiding Ideology of City Underground Space Development

10.2.1 营造和谐，倡导集约，促进城市和谐可持续发展

20 世纪中国城市发展，注重的是效益，体现的是和谐。效益外化为城市竞争力，和谐展现于城市舒适宜人的环境。大城市通过地下空间的开发利用，拓展城市发展空间，增加城市功能容量，提升城市竞争能力，促进产业结构调整，改善城市环境，为城市的可持续发展提供一个良好的硬件基础。

我们必须科学预测与控制中国城市地下空间开发时序与规模，合理布局城市地下空间功能，提高城市运行效率和集约化水平，节约城市土地资源，为构建节约型和谐社会、促进中国城市可持续发展营造宽松的环境基础。

10.2.2 融入建设，注重效能，引导资源节约型城市建设

在未来相当长的时间里，中国的大城市普遍面临城市后工业化进程加速的问题，人居环境的改善是城市后工业化发展必须面对的巨大挑战。地下空间开发既有利于充分利用土地资源的综合效能，又能有效减少能源、资源的投入成本，降低城市建设对环境的影响。与此同时，合理控制城市地下空间开发进程，引导探索集约型的内涵式城市发展道路，实现倡导的和谐宜居、环境友好、资源节约的发展目标。

10.2.3 统筹规划，均衡发展，贯彻环境友好型规划理念

地下空间发展既要遵循地下空间资源开发的一般规律，同时也要考虑中国大城市现有格局的现实。我们应将城市地下空间资源与城市地上资源视为一个有机整体，把同一地区地上地下空间的多种功能统筹考虑，立足实际，以环境友好为目标，科学预测各城市各发展阶段的地下空间发展规模，并同社会经济发展水平相适应，因地制宜，远近兼顾，统一规划，分步实施，引导城市平面和竖向空间均衡发展。

10.3 城市地下空间规划原则
Planning Principles of City Underground Space Development

中国现今大城市地下空间的开发利用，贯彻统一规划、合理开发、综合利用、依法管理的原则，坚持社会效益、经济效益和生态环境效益相统一的原则，兼顾城市防空、防灾、安全需要等一般性原则，除此之外，根据各个城市特点、城市区位优势以及地下空间开发规律，还应遵循以下原则：

10.3.1 动态引导，弹性控制原则

地下空间的开发利用受城市经济发展、城市功能与目标、产业结构、人口规模等外部因素制约，因此，应立足现实发展动态，遵循各城市地下空间开发的发展轨迹，充分考虑城市实际发展水平，尊重城市建设发展时序，积极引导地下空间开发走上一条健康发展之路，同时在大城市地下空间开发的布局上应从"生长"的城市发展理念出发，考虑远近期建设时序和规模的弹性控制。

10.3.2 "两防一体"，功能兼顾原则

在较长时间里，中国城市地下空间开发仍以人防工程建设为主导，因而城市地下空间开发主要表现为两大特征：第一，人防工程的规划和建设应结合或兼顾城市功能，有利于人防工程的平战转换，促进城市"两防一体"的建设；第二，为减少人防设施维护成本，降低人防设施自然损耗，提高人防设施利用效益，应优先鼓励人防工程根据自身特点，结合地面城市功能，有计划、有目的地开发其他地下功能，实现人防工程的多元化复合利用。

同时，还需要认真贯彻"两建同步"的发展要求，以开发利用地下空间来促进城市综合防空与防灾空间体系的建设和总体防灾抗毁能力的提高。充分利用人防战备资源，积极为城市应急管理和防灾救灾服务。注重平时与战时功能的灵活互换，有效发挥城市空间复合利用所带来的多元效益，实现地下空间社会效益和经济效益的最大化。

10.3.3 适应需求，适度超前原则

地下空间开发不仅要以城市人防工程建设为发展主线，在开发功能类型、结构布局等方面还须兼顾城市运河景观及城市绿地保护对地下空间开发的功能类型特殊需求，并与之协调发展。在地下空间开发及人防工程建设时，应充分体现未来城市的战备要求、城市防护等城市保障体系的需求特点，统筹规划，适度超前，衔接灵活，重点突出，提高土地资源利用效益，节约城市土地资源，减少环境污染，引导中国大城市合理、有序地开发地下空间资源，促进城市探索建设节约、和谐、宜居的城市发展之路。

10.3.4 突出重点，公共优先原则

在以人防工程为主导的城市地下空间开发规划建设中，结合城市特色，突出城市中心、交通枢纽、其他兼顾人防的城市重大基础设施等地下空间开发重点区域规划引导内容，优先考虑规划城市绿地、广场和重大基础设施等易于开发建设的满足城市灾防需要、缓解城市交通压力的城市公共地块、公共项目。

10.4 城市地下空间发展趋势
Trend of City Underground Space Development

10.4.1 功能综合化

现代城市是金融、贸易、商业、管理、服务等第三产业集中的区域。大城市各种功能的高度复合决定其地下空间利用的主要趋势是向综合化方向发展。这种趋势表现为地下综合体不断出现。城市建设中地下空间通过地下步行系统与地铁、地下停车、地下商业共同形成不同规模的地下综合体。

10.4.2 竖向深层化

大城市土地价格高昂，城市空间资源有限。大城市在地下浅层空间被商业和地下动静态交通开发利用以后，地下空间必须向深层寻求可利用的城市空间资源。在地下空间深层化的同时，由于大城市地下空间承载的城市功能复杂，如商业、交通、市政基础设施等，必须对地下空间进行竖向规划设计，将各功能在竖向上合理分层。这种分层面的地下空间，将人的活动、车的活动、市政管线、污水和垃圾的处理分置于不同的层次，最有效地减少相互干扰，从而保证区域内地下空间利用的充分性和完整性。未来，随着地下浅层空间开发的日趋成熟，以及深层开发技术和装备的逐步完善，地下空间开发正逐步向深层发展，城市也将更充分地利用地下空间资源。

10.4.3 交通立体化

交通问题一直是国内外大城市开发要解决的重点问题，而交通问题的关键在于如何在地面开发高度饱和的前提下合理地组织区域内的人流、车流及物流。大城市区位优势突出，城市快速干道、轨道交通等各类交通相互结合，是各城市功能区对外交流的窗口。这一方面增加了现代大城市的可达性和通勤性，另一方面也决定交通设施占用大量城市空间资源的现实。尽管在不少城市地面规划中道路用地占有很大比例，但大城市特别是中心区的高聚集性和交通高峰的时段性决定在一个层面上无法解决区域的交通问题。因此构建地上、地下立体的交通体系才是创造大城市良好的内部环境、解决区域内交通问题的根本之道。

10.4.4 生态多样化

21世纪人类对环境美化和舒适的要求越来越高，"以人为本"的城市建设思想，使得许多城市规划将部分城市功能转入地下，地面尽可能地留出开敞空间，并与步行系统结合，进行绿地规划和景观设计。如巴黎拉德方斯新区将机动车全部转入地下，而利用节约出的地面空间建成了25公顷的公园。商务区的1/10用地变成绿地，种植有400余种植物，建成由60个现代雕塑作品组成的露天博物馆。因此，地下空间开发与城市内多样的生态环境建设应密切结合，才能实现区域内人与社会的良性互动和协调发展。

小结

　　促进城市地下空间开发利用的根本动因，在于城市发展过程中由于城市化所引起的城市人口的激增与城市基础设施相对落后之间的矛盾。开发利用城市地下空间资源的目的，也在于不断加强和完善城市基础设施的功能，从而使城市具有可持续发展的能力。

　　未来中国大城市地下空间的发展将使传统城市向绿色、宜居的城市整体发展转型。实现城市空间对环境的低碳排放、低污染、低影响，是国际城市发展的主流趋势，也是中国大城市整体宜居发展的必由之路。将现代绿色技术和生态技术用于地下空间设计也是未来地下空间开发的一个重要发展方向。绿色、生态、集约的理念推动中国大城市地下空间的可持续健康发展，对创造绿色生态的城市环境具有十分重要的意义。

11　大城市居住区形态演化

Morphological Evolution of Residential Areas in Great Cities

居住区与住宅是城市中的主要和基本设施。我们研究宜居要研究它的演化。

改革开放以来我国城市化发展快速，大批农民工进入城市，城市土地、基础设施及福利设施都要完善和加强，这要求规划设计者和管理者引起重视。而我国的住宅经历着旧城的改造与更新，新的住宅区正过度开发，解放初建设的住宅已不再合理，进入新一轮的拆迁和改造，新建的保障房建筑也有诸多矛盾。在演化中我们需要深入调查，调查研究是为基本。

从福利分房到市场的商品房及廉租房等等，都是围绕住宅区和住宅进行的，它们引起最大的影响是土地的转换，形成了部分城市的土地经济，城市化不但表现在人口转化上，且表现在土地上。这对城市形态的研究产生诸多的影响因子。它们不但反映了经济发展的状况，而且反映体制、机制的直接和间接影响，房地产成为经济中一个重要支撑点。

住房问题涉及建筑密度、容积率，当针对一座城市，住宅建筑组织的关键是集中和分散。我们实质上需要寻求一种制宜的宜居的框架，一种探索适宜的任务摆在我们面前。

集聚形成大城市、特大城市，但过于集中就会带来诸多大城市病。作为单体有单体中的集中，而集聚中又有分散，关键在于土地。土地又涉及土地的贩卖，引起住宅的房地产商的掌控。进入市场经济，住房显得异常复杂。我们国家当今房价的涨落，受到国家的宏观调控。

在资本主义进入发达社会时，住宅问题同样引起重视，从许多小说中可见那时的生活，恩格斯的《论住宅问题》也叙述了这一矛盾，它引起伟大导师的高度关注。

我国有13亿人口，城市化的程度达到50%，即有一半人进入城市，户口也从县城、中小城市开放，避免大、特大城市的人口恶性膨胀。我国一段时期内需要面临城市的居住问题，要将城市建成为一种适宜居住的城市。

我们先从群体来分析。随着历史的变迁旧城区的城市肌理已经形成，一般一旦形成就难以更改，而对于新的开发区，城市管理者、规划者就应划好道路网的格子。怎么才是好的网格呢？某种意义上，在城市建设中网格决定一切。如美国的纽约是小的网格，设单行道，但停车必须停入地下室。如今道路格子大一点，中间有一条小路（Lane），可以停车，即停在街道上。为了避免失火，两边的建筑不允许开窗，这是网格限定了建筑群。网格控制在500米，适合公共汽车设置站点，再小了又不适宜。网格中要能适合建设一个幼儿园和托儿所，使人们不过马路就可以送孩子上幼儿园，这是理想的状况。

我们假设一个住宅区设一所幼儿园、一所小学、一所二级医院，还有一家综合商店，供家庭可以就近买到所需的物品，再设一个派出所，管理居民的日常事务，这种配置的住宅区有7万～10万人口，3个这样的住宅区，即有30万～40万人，是为一个中小城市。我们设想这样的中小城市中心应是绿色的公园，而公共活动场地镶嵌在其中，住宅区之间也用绿色分隔，这是我理想的中小城市。用这种形式套用到现有的旧区，划清管理范围，见缝插针地配置绿地，就可以形成一个个绿色的城市、生态的城市。当然我们还要合理地组织好主干道、普通道路和支路，组织好消防车道。

工业化以来多少学者设想过理想城市，如花园城市、带形城市等。澳大利亚的首都堪培拉采用花园城市模式，墨尔本也设置中心公园，城市附在两侧，人行走于公共绿地之中。我们的大城市要从密集的人口、交通拥堵中解放出来，充分利用自然条件，如山丘、水面、河流，综合地从地区尺度上着手，做好地区规划（图11-1），再设计城市的住区或街道，使城市走向宜居、生态、文明、友好。南京有紫金山位于城市中，大片的绿地是南京市的"绿肺"，又有玄武湖与之相连，有山有水，是一种山水城市。镇江市内有许多山丘，如果串联起来也是一个山水城市。扬州市内没有高架桥，保护了古建筑和建筑群，两侧的建筑具有地方风格，瘦西湖通向城区，构成了一座宁静的生态城市。

但是我们还要面临城市的扩张与土地集约利用之间的矛盾，人口不断地从农村涌进城市，而在扩张的土地上配套设施难以跟上，这种不合理状况有时形成了矛盾和冲突。目前我们的住宅建筑有商品房、经济适用房（被列入国家计划，城市每年有一定的建设量要求）、保障性住房（对中低收入阶层提供），还有限制房和廉租房，供给最低生活水平的人租住。这种有差别的住宅建设，在住房户型、面积上均有限制，

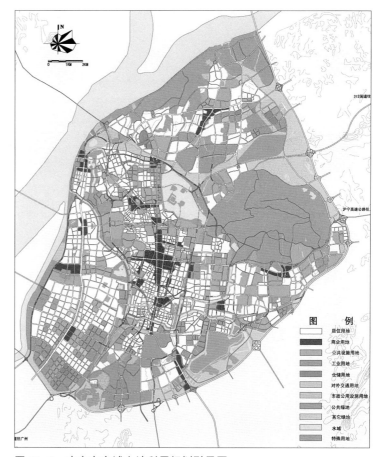

图 11-1　南京市主城土地利用规划引导图
Figure 11-1　Land use guide map of Nanjing major city

各地区也有差别。各地的经济收入存在着差异，有可能使这些住房不适合居住，甚至发展成新的"贫民窟"。像20世纪的"筒子楼"，实际上还有许多不适用的建筑。怎样可持续地发展，是要我们深思熟虑的，比如这些建筑有不少建在城市边缘地带，交通距离拉大，并不一定满足使用者的需求。

在城市化中，进城人口大多来自外省，如西部欠发达地区的农民，如果开发西部，发展当地有特色的产业，使农民就近务农，将减轻发达地区城市化的压力，但在发达地区又会产生缺乏劳动力的现象，如何疏导，要求政府要有全局的调配。

住宅建设的工业化是加快建设的一个重要方向。预制住宅建筑的设备层，预制建筑的样板房，或做跨度加大的支柱，让住户可以自由分隔，达到可持续使用，这是建筑设计者探求的方向之一。

我们还要研究低碳、节能技术，以适应全球气候变化，新型的大量性生态住房是我们设计者研究的重要课题之一。

住宅代代相传，是不动产，但有相当的年限，而一户有几套房，这是住户的思考，计划生育使人口结构发生改变，这些多种因素下的变化也列入我们的研究之中。

住宅建筑的长度、高度限制，在用地扩张的情况下节约用地等等一对对矛盾摆在我们面前，要求我们的设计要有多样性。在城市中合理的分区中建设高层住宅从节约土地的角度看是必要的，但也带来诸多不便，例如电梯的维修、水压的加压等多成为问题。

我们对大城市的建设不是集聚，而是疏导。在新陈代谢过程中大城市周边建设了城镇，有1～2个小时的空间距离，催生了诸多生活上的矛盾，一方面对小汽车限量，一方面又有就近的需求，与此对立的是空间距离的不断增加。要充分解决城市的综合交通，减缓大城市人口过于集中的矛盾，一种叠加综合分析是为必要，对大城市的企业产业的限制也是相关联的。

以下我们以一个实例来分析城市居住地段的适宜状况。

以南京为例。解放前的南京城市用地基本上在明城墙范围内，即在约36公里长的围城中，其内尚有空地、草地和池塘，但在老城改造中被填平补齐，同时还建了少数低标准的住宅群，城南的密集的四合院及少量的棚户区保存了下来。城市内进行了居住空间的调整、优化和重组（图11-2）。

之后城市向北发展，开拓工业区和居住区（图11-3）。我们可以从南京居住用地面积的变化（图11-4～图11-8）中看到主城区的演化，老城区居住用地面积的增长、分布及增长率如图11-9～图11-11所示。

南京在新中国成立前曾为中华民国的首都，当时曾有计划和规划，特别是政府的行政机构、使馆区及达官贵人的别墅区做了精心的规划设计。城中有知名的高校中央大学，之后开拓南京航空航天大学、南京农业大学、南京林业大学等地块。后来建了金陵饭店，位于新街口，为110米的高层建筑，是当时的南京第一高楼。之后高层建筑蔓延新街口至鼓楼，再向北到山西路，形成片状的高层群，其中有公共建筑，也有高层公寓。因为南京是当时的首都，公交车是全国最好的，新中国成立之初曾把南京的公交车运送到北京作为首都的公共交通工具。

1929年孙中山先生的灵柩由北京运到南京，因此开辟了中山北路，并在中山陵陵区大片植树造林，至今已有80多年的历史，为形成一座绿色的城市打下基础。新中国成立后的市政府建设了林荫道，使城市绿地形成系统，城市部分地段因而较为适宜居住。南京的城市建设仍在完善、提升中，它传承了六朝古都的遗韵，发展了原有的都市计划。

图11-2　老城南的新生
Figure 11-2　The rebirth of the old southern part of the city
图片来源：江苏新闻网

图11-3　江北永利铔厂
Figure 11-3　Jiangbei Yongli ammonium factory
图片来源：江苏新闻网

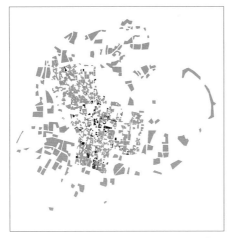

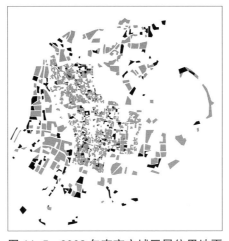

图 11-4　2001 年南京主城区居住用地更新地块

Figure 11-4　Updated residential land in Nanjing major city, 2001

图 11-5　2008 年南京主城区居住用地更新地块

Figure 11-5　Updated residential land in Nanjing major city, 2008

图 11-6　南京城市居住用地适宜性评价的影响要素：公共空间要素

Figure 11-6　Influence factors for the suitability evaluation of residential lands in Nanjing city: public space factor

图 11-7　南京城市居住用地适宜性评价的影响要素：自然历史要素

Figure 11-7　Influence factors for the suitability evaluation of residential lands in Nanjing city: natural history factor

图 11-8　南京城市居住用地适宜性评价的影响要素：交通要素

Figure 11-8　Influence factors for the suitability evaluation of residential lands in Nanjing city: transportation factor

1990年老城居住用地面积扇区示意图　　2001年老城居住用地面积扇区示意图　　2004年老城居住用地面积扇区示意图　　2008年老城居住用地面积扇区示意图

图 11-9　1990—2008 年各阶段老城居住用地面积扇区图
Figure 11-9　Sector chart of residential land area in old city in each stage, 1990-2008

图 11-10　2001 年老城居住建筑平均层数三围空间分布
Figure 11-10　Three dimensional distribution of the average residential building storey in the old city area in 2001

图 11-11　2008 年老城居住建筑平均层数三围空间分布
Figure 11-11　Three dimensional distribution of the average residential building storey in the old city area in 2008

12　大城市的高层建筑

High-rises in Great Cities

图 12-1　迪拜塔
Figure 12-1　Burj Dubai
图片来源：http://img2.mtime.com/mg/2010/2/01cd35
8c-ffab-4de5-9d94-51eec0b2c4d5.jpg

图 12-2　华西村第一高楼
Figure 12-2　The tallest building in Huaxi Village
图片来源：http://www.512happybaby.cn/oblog/Uploa
dFiles/2010-6/17733825506.jpg

几乎所有大城市、特大城市都建高层建筑，300 米、400 米，进而 500 米，甚至 600 米，各城市你追我赶，于是城市特别是上海等特大城市高层建筑集群而上。高层建筑容量大，可以供居住、公共活动、商贸金融，可以成为一种综合楼或综合体。

高层建筑拔地而起，高耸入云，从视觉上给人们一种冲击，再覆上玻璃、金属表皮，闪闪发光，使人炫目，有的高层建筑在顶层设置旋转餐厅，以俯视城市和自然风光，成为标志性的城市形象。

高层建筑会带来什么呢？我想对执政者而言是一种城市的业绩，以建设超高层为标志，你建我也建，互比高低，于是阿拉伯世界建起了世界最高的高楼（图 12-1）。在江苏的华西村也建起双塔高层，供游人参观，可看到华西全貌，但实属摆富，多此一举（图 12-2）。

高层建筑实际上是一部机器，它要有高能耗的设施，垂直交通有转换层，虽有避难层但一旦失火则不可收拾。纽约的"9·11 事件"中整座钢结构自上而下坍塌。上海浦东自建设以来多建超高层建筑，显示了改革开放的成果（图 12-3），但带来大量问题，如缺乏地下交通，建筑之间缺少关联。美国纽约曼哈顿高楼林立（图 12-4），虽然地下轨道交通发达，但时常交通拥挤。另外高层建筑有节约土地、容纳城市人口多的优点，但高层、超高层的汽车停车实是大问题，不得不开辟地下层作为停车场，而道路上的废气排放，使得城市辐射热大大增加。上海是沿海的城市，高温气候下海风理应带来清凉，但它比附近城市气温要高，气温不散，道路废气也难以散去。密集的高层带来诸多弊端。在旧城改造中常常是见缝插针地建设，而不是见缝插绿，分散布置，建筑的阴影遮挡了地下的楼房和平房，这也是不利之处。

我们并不排斥建高层建筑，但如果只是为了求得一种标志，换得政府官员的业绩，而给市民带来困扰，是为不可取。事物总是两面的，有控的建设对城市是有利的。

南京是一座历史文化名城，1978 年建金陵饭店时并未得到广泛赞同，现在从新街口到鼓楼则有许多高楼，城市没有了界面，正好像北京的长安大街一样，无法与巴黎的香榭丽舍大街相比拟。我们要有界面意识，传统的城市如北京等都形成界面来围合街道和广场。现在的高层对界面而言尺度太大，规划设计者又不注重绿色联系，城市缺少界面和围合，而公共空间就是要半敞半闭，表达它的连续性。

大城市的高层应当科学地分布，这里我们对比法国巴黎与英国伦敦。巴黎规划只能在拉德方斯的"门"外建高层，所以老巴黎区非常有序，成为城市的典范。可是在伦敦情况却不同，除泰晤士河两岸建筑高度受到控制外，在其他的中心区未有控高。圣保罗大教堂是著名的历史建筑，可其周围建了许多高层，几乎将大教堂埋在建筑群之中。英国只是局部如白金汉宫周围才有些大树和绿地及休息的地方。高层建筑的布置涉及城市的生态化，城市的发展要紧紧与控制相结合，要有所限制，控制也是硬道理。

合理布置高层，科学的布局，又和经济基础紧密关联。我们要有全局的观念做好管理工作，把握对经济的调控，如此才能称得上规划设计工作。

在形象上，上海有上千幢高层建筑，各幢都想显示自己的特色，有的做成三角尖，有的做成莲花瓣，各式各样，争奇斗艳，金茂大厦更做成传统塔的变形，中环大厦原为圆形的顶，因由日本投资，改为方形，各具特色而怪异。

高层的裙房也是重要组成部分之一，可以更多地形成界面，增加底层的营业面积，它是衬托高层的组成部分之一。

高层建筑的空间组合要讲整体、匹配与和谐，从而使得城市有良好的天际线。香港这座城市有多座山，城市天际线以山为背景，不同的人对此存在不同的看法，是各有自己的特点，还是互相呼应，这是值得探讨的。

城市有时是各种矛盾交织一起的混沌，某种程度上表现出各种利益的冲突，最终还要从体制和环境上来剖析。

图 12-3　上海浦东超高层建筑群
Figure 12-3　Super high-rises in Pudong, Shanghai
图片来源：新华网

图 12-4　美国纽约曼哈顿
Figure 12-4　Manhattan, New York, USA
图片来源：http://pic8.nipic.com/20100806/3970232_0
62406005372_2.jpg

13　城市建筑的演化、转型

Evolution and Transformation of Urban Architecture

城市中的建筑是城市的细胞，由它们组成群体、街道和各种活动场，是工作、生活休憩的具体表现。改革开放后，深圳、广州成为变革的前沿，现代建筑新的发展也由那里开始，继而是浦东，再而是北京。许多外国建筑师开始设计国内的建筑，使我国建筑呈现出多种格局。城市面貌和形态由"千篇一律"转变为"多元化"。外国建筑师把中国各地的建筑作为他们的实验品，而中国的一批建筑师从做施工图直至独立设计，逐渐开拓出自己的市场。

争议较多的国家大剧院，从1950年代开始论证策划，最初的诸多方案难以达到要求，至1990年代国家大剧院工程业主委员会成立，组织邀请国内外一些著名的设计单位进行方案竞赛，最终选中了法国的方案。国家大剧院位于中轴线人民大会堂的西侧，体量巨大，呈蛋形，壳体结构，表面覆盖钛金属板，有一定的光污染，但满足多种功能剧场的使用需求，且有水面环绕建筑，仍不失为一个好的作品，这是应当承认的。改革开放之初，国外的设计理念、设计水平和方法高出国内建筑师一筹，但这也使中国建筑师学到有益的一面。30多年来我国建筑师有大的进步，设计出许多结合地域特色的优秀建筑，缩短了国内外建筑间的差距，而"外国建筑师的实验台"逐步消失，多风格、多元化的建筑创作得到改进。所有新建筑包括外国人的设计则均由中国人施工，

工人们表现出很大创造力，在世界上也是罕见的。改革开放在引进外资的同时，也使我们的建设队伍走上了一条创新的道路。凡事都有一个过程，墨守成规是不利于创新的，我们一定要走自己独创的道路。

我国的经济发展引起世界的瞩目，但是我们不能因循守旧、故步自封，或者唯洋是从。我们有悠久的历史文化，理应走出一条务实且结合国情的创新之路，开创中国的现代新建筑。

在建筑形态的研究过程中，必然要考虑到以下几个问题：简单与复杂；大量性与公共性；新与旧；高层与低层；地区性与经济发展；传统与现代（即古与新，中与西），即所谓的古为今用和洋为中用的问题；流行与传统等等。下文以上海为例我们逐一进行解析。

（1）传统与创新

30多年来不少外国建筑师进入我国建筑设计市场，给我国的建筑设计创新带来了新的机遇，其中上海以优越的地理位置和近代以来形成的经济优势催生出海派风格建筑。老外滩建设了古典派新文艺复兴式建筑，随着城市的开发大批高层、超高层新建筑林立浦东，形成上海新的中央商务区。而一批旧的里弄和低矮的建筑被重新开发利用，独具上海特色的石库门就是其中的典型。一段时间里平改坡的工作得到

广泛开展，平改坡不但可以隔热，还能增加住宅面积，又一改由高向下看全是平顶的局面（图 13-1、图 13-2）。旧的住区被改造，如保留下来的"田子坊"被改造成为一个步行创意街区，吸引广大消费者和游客；再有黄浦江十六铺老码头区域更新建立了"老码头"的创意街区，这都是一种更新的手段，是在旧的基础上的创新之举。

（2）超高层与高层

上海是中国大地上高层最密集的城市。金茂大厦率先建造，再而建了环球金融中心，正在建设的上海中心大厦有632米高，浦东的陆家嘴成为中国最大的CBD，有数十栋密集的高层区。但是密集的人口，交通拥堵，使得上海不得不扩建外滩的地下通道，力求减缓通行。诸多高层建筑也必然带来了建筑阴影问题，对居民的生活产生了不利影响。我们可以从近30年陆家嘴城市空间和建筑形态演变以及上海城市用地距离变化看到其中的变迁（图 13-3 ~ 图 13-6)。

高层与多层构成上海建筑的多样性，这种多样性呈现出一种现代和新海派文化的内外兼顾和雅俗共赏。

（3）形式与内容

理论上讲形式要符合内容，但现代建筑由于有线性的、非线性的，有钢结构和混凝土的可塑性，可以做出通俗、世俗、怪异的高难的各种形式，有时看到形式难以猜测其功能，甚至同一功能可以有多种形式。现代建筑可以是形式与内容相悖的建筑，形式可以单独研究。传统建筑的尺度与比例陪衬似乎已不用于作为衡量的因素。

怎样来评价这一批高层的建设呢？从城市耗能、节能减排方面来说，过多的密集的建筑是构成灾害的一种因素。当今我们讲全球气候变化，讲

图 13-1 上海平改坡之前的屋顶
Figure 13-1 Before the flat roof being changed to the sloped roof, Shanghai
图片来源：http://img1.soufun.com/bbs/2009_01/18/sh/1232241456360_000.jpg

图 13-2 上海平改坡之后的屋顶
Figure 13-2 After the flat roof being changed to the sloped roof, Shanghai
图片来源：http://www.shanghai.gov.cn/uploads/objpic/00042927.jpg

图 13-3 近 30 年陆家嘴城市空间及建筑形态演变（1980 年代初期、1990 年代后期、2010 年）
Figure 13-3 Evolution of Lujiazui urban space and architectural form over the recent 30 years
资料来源：代晓利 . 建筑形态演变的成因机制研究 [D]. 南京：东南大学，2012.

图 13-4　陆家嘴高层建筑群照片（2010 年）
Figure 13-4　Picture of high-rise buildings in Lujiazui 2010
资料来源：代晓利.建筑形态演变的成因机制研究 [D].南京：东南大学，
2012.

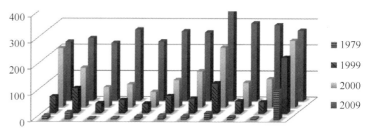

图 13-5　上海各行政区不同时期城市用地面积统计
Figure 13-5　Statistics of city land area in regard to each administrative area
in different periods, Shanghai
资料来源：代晓利.建筑形态演变的成因机制研究 [D].南京：东南大学，
2012.

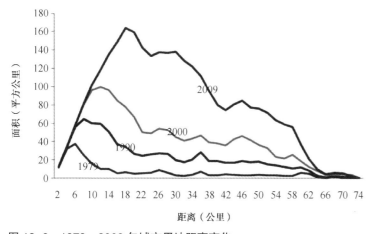

图 13-6　1979—2009 年城市用地距离变化
Figure 13-6　The distance change of city land use, 1979-2009
资料来源：代晓利.建筑形态演变的成因机制研究 [D].南京：东南大学，
2012.

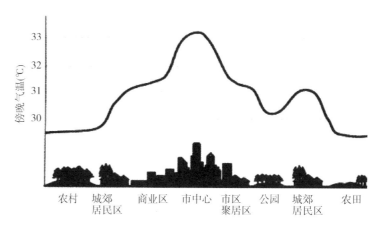

图 13-7　热岛效应
Figure 13-7　Heat island effect
图片来源：http://www.gyinvest.gov.cn/gygov/14425758385613701112/201
10524/295186.html

图 13-8 上海大剧院
Figure 13-8 Shanghai Grand Theatre
图片来源：http://pic7.nipic.com/20100518/3970232_0
84744007090_2.jpg

图 13-9 上海博物馆
Figure 13-9 Shanghai Museum
图片来源：http://photocdn.sohu.com/20120703/Img34
7196762.jpg

绿色环保，但是已建了那么多的高耗能建筑，不能不引起专家们的关注。加上道路上的废气排放，已使城市走向了宜居的反面，谈不上宜居。有控制地研究高层建筑，特别是超高层建筑群必须引起我们的重视（图 13-7）。城市的发展和控制也是可持续发展的一面。

上海是我国经济、商贸、工业、文化、科技、教育的中心，它的发展不只影响长三角，且影响全国，甚至在国际上也有影响。上海的建筑形态也是千奇百怪，像万花筒一样，且呈现出动态的变化（图 13-8，图 13-9）。

半殖民地半封建的旧上海（图 13-10）是一轮城市化的结果。我们看到上海租界时期一边是低层的住宅区，另一边是幢幢洋房成为达官贵人的住所。现在我们在上海（图 13-11）这片土地上可以看到很多民居、四合院，甚至稀少的码头，更缅怀那石库门（图 13-12）曾为中共一大的遗址，砖砌的，用红砖镶嵌，现已成为历史博物馆。如今的"上海老街"也是那时建造的，现在也是颇具老上海风情的商业步行街区。黄浦江是穿越上海中心的母亲河，外滩的建筑相继建设，是为"八国建筑"，也是半殖民地半封建时期的建筑，在外滩有银行、商场等，有的建筑闻名于世界（图 13-13）。改革开放后浦东发展高层群（图 13-14，图 13-15），尤其是 2008 年世界博览会的举办，吸引了世界各国在此参与。世博会的主题标语是"城市，让生活更美好"。各国的建筑风格都得到展览，它们的理念、展示、形式，某种程度上提示了建筑世界的未来。

世博会取得了很大的成功（图 13-16），成千上万的人参观了世博会，扩大了视野，与世人相交流，最近又将在世博会中心建设中国博物馆。

下面我们试图解析城市建筑形态的能动因素。

图 13-10　老上海滩
Figure 13-10　The old Shanghai Bund
图片来源：http://pica.nipic.com/2008-05-05/20085518373993_2.jpg

图 13-11　现今的上海滩
Figure 13-11　Shanghai Bund at present
图片来源：http://pic16.nipic.com/20110908/6647776_131008336149_2.jpg

图 13-12　具有上海特色的石库门
Figure 13-12　Shikumen with the characteristics of shanghai
图片来源：左图 http://news.xinhuanet.com/world/2010-09/20/12588792_61n.jpg；右图 http://
img.51766.com/shys/2006-01-167.jpg

图 13-13　上海海派建筑
Figure 13-13　Shanghai style architecture
图片来源：http://img.chinaluxus.com/pic/arct/201
0/08/16/20100816151756305.jpg

图 13-14　金茂大厦

Figure 13-14　Jinmao Tower

图片来源：http://a2.att.hudong.com/43/32/013000004330
93126379321780602.jpg

图 13-15　上海中心大厦

Figure 13-15　Shanghai Center Building

图片来源：http://www.cnggg.cn/imageRepository/5132fe
eb-82d2-473b-98bb-7163d87f19ac.jpg

图 13-16　上海 2010 世博会文化中心、中国馆、世博轴（黄浦江一侧实景照片）

Figure 13-16　Shanghai 2010 Expo Culture Center, China Pavilion, Expo Axis (picture taken from one side of the Huangpu River)

资料来源：代晓利 . 建筑形态演变的成因机制研究 [D]. 南京：东南大学，2012.

　　首先是经济对城市的建设起到主控和操纵的作用。城市的建设反映出城市的经济投入，包括中央和地方的经济投入程度。经济的增长促使对城市建设、住房、医保等增加投入，而不同地区又有各自的特点，发达地区与欠发达地区是有差异的。

　　其次是提出城市建设的依据，工业、居住、福利、医疗、特殊公共建筑等等项目的提出依据是什么，是由政府、企业还是个人提出项目的规模、性质等。

　　第三是创作者的能动作用。建筑设计是以建筑师为主的合作设计，还包括结构、设备、电气、暖通、预算等专业设计。建筑师进行创作，是凭借他的学历、经历，依托时代的建筑风格而进行构思的，住宅、公共建筑在符合现今的需要以及房地产商的要求下而完成其后的设计和施工。

　　第四是工程的实施。设计真正的检验标准是实践，设计的目的就是为了使用。

　　城市建筑的演变在美学特征上也表现出来，功能也在一步步地变更，而形式更是复杂、多变、多风格，其变化之外永无止境。但人们很自然就会分出优劣，人有素质，建筑有品位，有高雅、通俗、庸俗、怪异之分，品位可以转换，也可以跨越。

　　我们看到传统民居的结构合理，选用地方材料，造型朴实美丽。一次我在张家界看到当地的民居，我说："这可现代啦"，应当保留，我的意思是保护传统民居是一种现代精神（即集约），遗憾的是再次去那里那些民居已被拆除了。民居的保护是一代人的责任。我国福建、浙江、云南、湖南有众多的优秀民居，但并不为所有人所认识。低标准的建筑、在当地取材是可以建造出好的作品的，普利策奖的获得者，也采用低标准的材料，

图 13-17　汇丰银行

Figure 13-17　Hongkong and Shanghai Banking Corporation

图片来源：http://www.szjs.com.cn/szjseditor/uploadfile/200809028144256197.jpg

运用创造性的设计，获得了好的效果。我在天台山济公院的设计中，选用当地的砖瓦、木石，表达济公的济世扶贫的寓意，做出优秀的经典设计。设计者的经历、修养和建筑的品位仍是我们要追求的。

人类历史向来对建筑审美有着共性的要求，希腊帕提农神庙的建筑材料和结构用到极致，比例和陪衬优美经典，还有其他许许多多的实例都是我们学习的榜样。

建筑美是一种空间组合的美，美在空间中的主体、配体，美在均衡，美在光影、色彩、材质。建筑的美观表现在空间感，香港的汇丰银行，是一座高技术的建筑，但旁边建了一幢高楼，大大影响了它的美观（图 13-17）。

建筑的连续性也甚重要。意大利圣马可广场，历经八百年才形成，广场上的公爵府、大教堂、钟楼、新旧行政官邸大楼等等，后建的考虑先建的设计，广场呈成"L"形，空间变化多样，又面临大海，向遥远的大海延展，成为欧洲建筑群中一颗明珠。这是一种加法，且具有连续性。我们的城市和建筑设计要有前瞻性，也要有连续性和整体性。在法国西部海边有一座名叫圣米歇尔的山（Mount-Saint-Michel），其实只是一个小山头，但在不同历史时期，这里修建了教堂和入口、裙楼，叠加形成欧洲七大奇迹之一。我们要研究群体，研究它的构型。

我们在从研究一个城市建筑的演变和其形态、美学中，认识到建筑美的哲学。

14 城市空间结构的转型与演进——以南通为例

Transformation and Development of City Spatial Configuration
—Taking Nantong For Example

每个城市从一个生长点或几个生长点开始，都有其发展和历史进程，它们所处的地理位置不同，自然条件各异，反映在城市中的物质形态和精神形态都有自己的特点。

研究城市的特色，我们可从中吸取有益的经验和教训。如果说建筑是遗憾的艺术，城市在功能、布局、基础设施等方面也会有遗憾，关键在于研究。至于说"宜居"，则是相对而言，人们生存、生活、工作在这个城市就意味着它有可宜居之处。

南通市在近代可谓我国第一城，这时期正值民族资本主义兴起。当时的领导者有相当的权势和地位，他大胆地提出他的城市概念"一城三镇"，且有分工，考虑江水、狼山等自然环境因素建设城市，并建设轴线。尔后随着不断发展，城市格局也发生相应的变化，逐渐形成今天的布局。加上建海港，通上海的大桥，大大缩短了时间差，北通盐城的铁路也在进一步完善。南通现在的城市人口达 780 多万，虽然经过历史的变迁却依然保留着历史的痕迹，堪为一个好的历史城市实例。

14.1　南通城市背景
Background of Nantong City

"长江之尾海之头，崇川福地古通州。"

南通地处北纬 31°41'— 32°43'、东经 120°12'—121°55'之间，属于北亚热带和暖温带季风气候，全年平均气温 15℃左右，光照充足，雨水充沛，四季分明，温和宜人。南通在地理区位上位于江苏省东南部，居

1　本章由孙磊磊提供。

长江入海口北岸，位于长江三角洲江北一翼，与上海、苏州隔江而望，被称为"江海门户"，是江苏沿海南北交通的枢纽（图14-1）。在岸线、港口方面南通集"黄金海岸"与"黄金水道"优势于一身，拥有长江岸线226公里，其中可建万吨级深水泊位的岸线30多公里；拥有海岸线210公里，其中可建5万吨级以上深水泊位的岸线40多公里。

南通全市域总面积8001平方公里，占江苏全省的1/12，人口约786万。现辖：如皋、海门、启东3个县级市；海安、如东2个县；崇川、港闸、通州3个区和南通经济技术开发区；共有146个乡镇。市区面积约224平方公里，人口约74万。南通是中国首批对外开放的14个沿海城市之一，近年来亦被称为"中国近代第一城"。

古代时期的南通城作为封建州城，由盐业发展为主要动因，经历了从四方城到"葫芦"形态的初步发展过程。方城或者称为"口字"形态，是封建州城的典型对称格局。明中叶，南部另筑新城、疏浚濠河，并由于土布纺织、商贸兴盛，南通城东西两翼自发地出现关厢地带的聚居形态，南通城市形态由口字形方城向T字形或者说"葫芦"形结构发展，城市重心南移、城市两翼扩展、结构重新配置（图14-2）。及至清末，南通城市加固和完善建设未停，但总体上讲城市格局性质和结构形态没有大的突破。

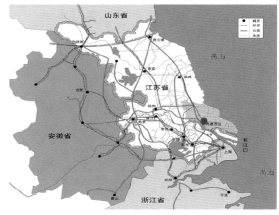

图14-1　南通在江苏省及长三角的区位
Figure 14-1　Location of Nantong in relation to Jiangsu Province and Yangtze River delta
图片来源：根据南通在长江三角洲的战略发展规划. APA，2006（6）整理绘制

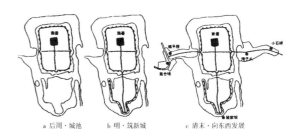

a 后周·城池　　b 明·筑新城　　c 清末·向东西发展

图14-2　濠河形态演变轨迹（后周—明—清末）
Figure 14-2　The morphological evolution of Hao river (Post Zhou-Ming-Late Qing dynasty)
图片来源：刘金声，曹洪涛. 中国近现代城市的发展 [M]. 北京：中国城市出版社，1998.

14.2 城市结构分析——南通"近代轴"
Analysis of City Structure-Nantong "Axis of Recent History"

14.2.1 近代南通城市结构形成与演变的时代背景

1840年以来，中国走入了鸦片战争、太平天国革命的动荡近代史。南

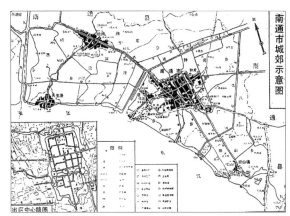

图14-3 近代南通结构层级分析——以濠河区域为核心的三组核心区

Figure 14-3 Structural level analysis of recent Nantong—three groups of core area, the Hao river as the core

图片来源：南通市规划局提供

通却因为处于相对稳定的军事环境及相对封闭的政治环境当中，得到了有利的近代经济发展和城市建设条件。近代国内外战场对南通影响都很小，封闭稳定的南通政治军事环境受外来冲击较少。清末由于海岸淤积、东移，南通沿海开始废盐兴垦，建立了大批盐垦公司，其目的在于发展植棉业。棉花产量的极大提高和本地手工棉纺织业的发展，加上便利的水运、港口条件，使南通很快成为大宗棉花、棉布的集散商贸中心。

甲午战争后，外国机器制的"洋纱"开始大量进口、疯狂倾销。为了维护华商、收回权利，设厂自救的呼声日盛，刺激了民族工业资本向机制棉纱发展的重要近代工业化转型。经济发展转型成为南通近代城市结构转型的根本需求和推动力。两江总督兼南洋大臣的洋务派张之洞首先奉命设立商务局并着手筹办纱厂。张之洞奏派三位官员分别在其家乡设立商务局。其中总理"通海一带商务"的末代状元张謇是兴办实业、集股招商、实业兴国成就最为突出的一人。张謇通过发展民生、实业和他的政治地位，在南通城市建设的实践中发挥出决定性的影响力和奠定城市结构转型方向的作用。

14.2.2 空间结构的核心建构——对近代"一城三镇"结构布局的宏观概述

1895年始，大生纱厂选址城西北的唐家闸，又以城西的天生港为货物港，在城南的狼山风景名胜区建造园林花园和宅邸，突破护城河、城墙围合的框框，初步开创"一城三镇"的分散性的城市格局。三镇在地理空间上与中心城区拉开距离，又在产业、功能上紧密联系，密切互通。这种新的城乡相间的"卫星城"模式奠定了近代南通城市空间结构的基础。张謇区域产业布局以棉纱生产为主导，将相关工业、农业、运输业、生活区等在整个通海地区做出空间统筹的系统性规划（图14-3）。

唐闸镇是首先的着力点，以大生纱厂为轴心的工业企业系统和与之配套服务的交通设施，以及工人建设的居住、教育、商业、市政、公园等设施表明，唐闸作为单一的工业市镇，由于张謇民生和慈善思想的影响，也走向全面建设和社会自足的"城市区域"建设，并对居民生活条件、精神文化需求重视起来。

1901 年张謇创建大生轮船公司，兴修码头、仓库、客栈等，以天生港作为唐闸大生企业体系从上海中转、运输的货运配套，以相邻的芦泾港为上下渡客、商埠之所。1913 年所修城港路即将此客、货两区紧密联系，用做港口区的整体性交通设置。港口与工业镇、中心城三者间的交通联系流也是近代南通城市建设的重点和首要条件。

五山区是包括狼山、军山、剑山、马鞍山、黄泥山在内的自然风光带。出于"五山拱北"的风水考虑，古代南通州呈丁字形，中心衙署的中轴也正对狼山。张謇将五山区确定为风景名胜区加以保护，施以开发强度低的别墅、公园等保护性建设，体现出文化认知和人文传承等隐性结构要素在城市建设中的考量。宗教文化、自然风景区不仅是文化传承的记忆，更是城市意象中的标识物，是城市结构延展的文化辐射源，是承托城市精神的发生器。

张謇在中心城区的建设以教育为主，商业、慈善、市政、公园等次之。这也反映出他将城区定位为南通文化教育、公共生活核心区的理念。张謇在濠河中心区建立和发展近现代

意义上的各种公共建筑类型，将南通护城河域建设成为时至后工业时期的今日仍然是一个宜居的有活力的城市核心区，具有整体性保护价值和开放性生活框架的弹性结构。从城市形态和空间结构的发展逻辑来看，城市的旧城核心区和护城河域范围大抵重合，在其基础之上，我们可以看到如今新的商业、服务、金融等当代功能的更新与渗透。中心城区的片断重组、功能置换、区块功能的丰富化、异质形态及功用的并置与插入、重组是在张謇"一城三镇"功能分置的基础上得以实现的。

14.2.3 近代南通城市空间结构的交通基础

近代南通的建设事实上也是从交通联系开始的。从 1895 年至 1926 年间，南通逐步以系统性的道路、桥梁规划和近代意义上领先的水利规划和市政配套设施建设，建立起近代基于汽车的陆上交通方式的交通联系网络，取代了舟载为主的水上交通运输方式——水运变为大吨位的货运方式为主，以覆盖苏北腹地的区域性小轮客运为辅。

张謇在陆路交通方面围绕工业、港口、风景区和中心城之间的公路建设展开。1905 年天生港至唐闸大生纱厂的港闸公路开通，1910 年城区至唐闸的城闸公路开通，1912 年至狼山的城山公路开通，1913 年往港区的城港公路开通，以上四公路构成"一城三镇"的基础联系网络（图 14-4）。

张謇主导的水路交通建设主要包括 1903 年建立大达内

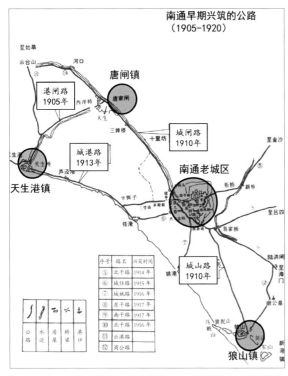

图 14-4 南通早期兴建的公路——近代南通城市结构以交通联系流为框架基础和先导

Figure 14-4 Early constructed roads in Nantong—the city structure of recent Nantong is framed and led by the traffic flow

图片来源：根据南通市规划局提供图纸整理绘制

河小轮公司，1904 年成立大达外江轮步公司（包括天生港和上海十六铺的大达码头），1906 年成立达通航运转运公司和大中通运公司。张謇建立近代港口码头，开辟连接江河运输的航线。其内河航线沟通两淮盐垦地区和南通的交通联系，形成涵盖苏北各镇的内河水网联系；外江航线加强与上海、苏南的联系，对地区贸易和交流起到积极促进的作用等等。以上陆路、水系两套网络的叠合共同形成交通联系流的系统，为城市空间实体结构的各区域性元素或者命名为"次结构"的下一个结构层次准备好了输送、联结的血脉。

从城市内部扩张的需求和作用力来看，南通近代城市用地形态逐步外扩，延伸出去的道路成为内核向外的"触手"，四条主路的线性网络加强了中心城区和功能性的卫星镇之间的吸力和形态扩展的"指向性"。而从城市外部的界限、约束力来看，南通近代城市结构主要受制于通吕运河、长江天堑的水文环境。特定时期的城市结构都是内外部力量共同作用所达到的平衡。

近代民族资本主义、地方自治的道路已为南通城市实体结构开创了奠定性的转型基础，并呈现出相当完备与丰富的形态网络格局，进而为现代南通城市空间结构的再次延续性转型发展提供了物质基础和原理机制层面的历史借鉴。

14.3 城市结构分析——南通"现代轴"
Analysis of City Structure–Nantong "Axis of Contemporary Age"

14.3.1 现代南通城市空间结构转型的背景

1949 年新中国成立后经济恢复期至大跃进时期，南通工业门类逐步增加，初步形成轻工、机械、医药、化工、建材和造船等门类的基础骨架。而后的经济调整时期和"文化大革命"等政治运动时期城市建设几近停滞。1978 年十一届三中全会之后，社会主义现代化建设走入改革开放和经济崛起的时期，南通迎来了全面现代化的城市建设高峰。自 1978 年后的迅速转型期，实质上首先是属于工业化补缺的城市疆域规模、用地数量、新式类型的急速发展时期。

进入新世纪，随着工业化程度的深入、城市产值和收入的提高、城市投资结构的调整，第三产业中商业、文化、休闲等诸多城市服务业方显兴盛；"后工业化"对城市结构的影响逐步显现，并着重对于城市中心区基于区域复兴目标的更新改造提出了新的要求——重建城市核心区的向心凝聚力和使社会、文化价值回归。

在空间条件上，南通恰处于沿海经济带与长江经济带的 T 形结构的交汇点和长江三角洲洲头，拥有长江岸线 226 公里、海岸线 210 公里，是全国沿海土地资源最丰富的地区之一，在长三角城市群的宏观结构联系的地缘经济格局中，处于不容忽视的连通苏北腹地的门户城市地位。尤其是苏通大桥、上海浦东由崇明至启东的隧桥通路的贯通，对南通城市产业结构的转型升级、区域定位的提升和城市发展战略的调整有着至关重要的意义。

南通的城市空间宏观结构的转型动因主要体现在：

（1）南通区域大交通和对外交通条件发生重大变化。

（2）南通作为长三角城市群及沪苏通"小金三角"的重要组成部分被

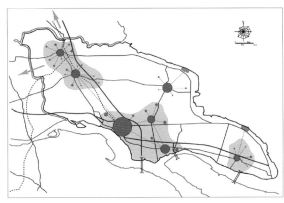

图14-5 南通市域空间结构的模型"一主三副多点"：核型与轴线发展概念

Figure 14-5 Spatial structure model of Nantong city "one core three supplementary and multi-points": the concept of core and axis development

图片来源：根据"南通在长江三角洲的战略发展规划．APA，2006（6）"整理绘制

纳入长三角区域规划。

（3）南通跻身国家江苏沿海开发发展战略。

（4）南通城市功能与产业结构正在调整升级。

14.3.2 现代南通城市空间宏观结构——"一主三副多点"

就实际的市域空间格局发展建设而言，现代南通市域城镇空间的发展布局是以构建"一主三副多点"为原则进行的（图14-5）。"一主"即以中心城区、海门城区和如皋长江镇为中心的产业集聚和城市化集中区。"三副"指的是依托洋口港的"掘港—长沙"、以渔业和临港工业为主的"汇龙—吕四"和作为苏中物流枢纽的"如皋—海安"三个城镇组群。"多点"是市域范围内的多个重点镇，包括长沙镇、吕四港镇、洋口镇、三余镇、近海镇等15个沿海重点城镇。市域空间格局依据"重点发展沿海，提升沿江发展水平"的策略，带动大南通的均衡发展。具体而言，南通主城区和通州城区相向发展用地；近代濠河区域主要向城东、城南方向拓展，同时整合西、北方向。主城区因苏通大桥和沿江高速公路的建设开通，汇同城东、城南的两大开发区一起成为扩大意义上的整体性中心城市片区，使开发区与通州城区成为现代南通主城区的一体两翼。以崇川区为城市主体的核心区、以通州城区为主体的东部新城、以南通经济技术开发区和苏通科技产业园为主体的南翼新城、以港闸区为主体的北翼新城，形成南通中心城市"一核三片区"互动并进的城市发展格局。

14.3.3 中心区空间结构——"一核三片"

现代南通中心区空间结构实体的具体规划操作思路和功能片区划分可以概括为"四轴四区五带"的原则。"四区"即"一核三片"，包括崇川区（以近代的濠河区域为主体）、港闸区（唐闸、天生港）、开发和通州城区。"四轴"则是贯穿中心城区南北向的"工农路—长江南路—星湖大道"发展轴和通州城区世纪大道发展轴，东西向的青年路发展轴和金通公路发展轴。"五带"是指狼山风景名胜区绿色廊道、老洪港风景区绿色廊道、九圩港绿带、通吕运河绿带和竖石河—新江海河绿带（图14-6）。

其中"一核三片"中的崇川城区规划人口90万，主要疏解居住、行政和市级商业、文化中心功能，保护历史人文景观，包括老城片区、城南片区和观音山片区。其中老城片区规划40万人，东至海港引河，南至虹桥路，西至长江，北至通吕运河，实质上是近代南通濠河中心区的现代化表征。

港闸城区规划人口45万，整合制造业功能，加强现代服务业职能，是承担工业、物流、居住等功能的综合性城区。

开发区城区（含苏通科技产业园）在狼山风景名胜区以南，是区域性的"新核"和技术经济发动机。规划人口45万，以南通国家级经济技术开发区为主体，是以高新技术产业、商务商贸、医疗教育、居住为主的综合性城市新区。

通州城区则在原有通州县中心金沙镇基础上发展而来，并规划与主城区联结为一体，是在宁启高速公路以东、通甲路以北，规划人口为35万的新的"城市次中心"，是主要充实城市服务功能，发展生产、生活基础配套的城市功能区。

上述长三角城市群宏观格局演进启发了现代南通沿江"带状组团"式发展的战略思路跃升。其中"一主"的南通主城区涵盖了崇川区、港闸区、开发区和通州城区。狼山风景名胜区作为"四区五带"中的绿色廊道要素出现。崇川区和港闸区在原有"一城三镇"基础上扩张、转型为现代城市居住、行政、商业、制造业、服务业物流等功能的综合性城区，同时面临着历史

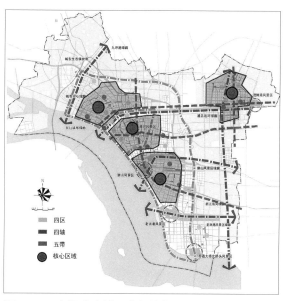

图14-6 南通中心城区空间结构
Figure 14-6 The spatial structure of Nantong city central area
图片来源：根据南通市规划局提供《南通市城市总体规划 2011—2020》绘制

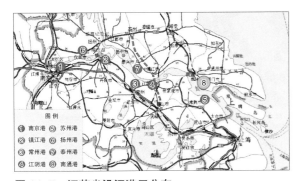

图 14-7 江苏省沿江港口分布

Figure 14-7 The distribution of ports in Jiangsu Province
图片来源：根据江苏省地图整理

图例	
① 南京港	⑤ 苏州港
② 镇江港	⑥ 扬州港
③ 常州港	⑦ 泰州港
④ 江阴港	⑧ 南通港

文化保护、后工业化转型利用的复杂局面和丰富的结构发展可能性。而开发区则作为区域技术经济、商务商贸的新引擎，通州城区作为"城市次中心"的有效补充和配套功能出现。以上四区共同组成了现代南通城市空间结构实体在功能、经济上最为丰富，在社会和人口方面最为集聚的主体部分。

14.3.4　现代南通城市空间结构的交通网络的重大拓展

现代南通城市空间结构的交通联系流的重大拓展体现在综合交通网络联系的完善和发展。

（1）港口布局

在港口航运方面，南通秉持着利用江海联动的优势，以建设国际港口城市为战略性目标（图14-7）。同时，在"沪通甬"城市带国际航运空间格局中，南通已确立了上海港口群和国际航运中心的北翼副中心港的地位。与近代相比，现代南通作为长三角综合交通网络的重要节点、长江中上游地区能源外贸的重要中转港和我国发展综合运输的沿海主枢纽港，沿海、沿江的港口建设全面展开。沿海三港布局由以综合性运输的"洋口港区"和以原材料、能源运输为主的"吕四港区"和"冷家沙港区"组成。沿江港口则由以近代的天生港区为主全面扩展到沿江分布的9个分区组成。

（2）路桥、公路、高速网

南通的路桥首先包括南通外部空间结构向南延展出去的两条重要跨江通道。其一，苏通大桥在城东南横跨长江，直接连接南通和苏州，东距长江入海口108公里。苏通大桥北接盐通、宁通、通启高速公路，南接沿江、苏嘉杭高速公路，是上海经由南通辐射苏北的重要经济命脉。其二，沪崇隧桥通道则主要由崇启大桥和上海长江隧桥（崇明越江通道）组成，是世界上规模最大的隧桥结合工程，是国家高速公路网重点建设规划中上海至西安高速公路（G40沪陕高速公路）的组成部分（图14-8）。这两条通道的贯通加上筹建中的崇海大桥（崇明—海门，潜在的沪通铁路东线直接对接上海的规划通道），标志着南通与上海空间联系一体化的重大进展。

（3）骨干航道

强调港口与腹地的联系功能、沿江沿海港口联系功能，规划形成"三纵四横"共计970公里的航道网。"三纵"为连申线、通扬运河、洋口港疏港航道；"四横"为栟茶运河、如泰运河-通同线、通吕运河、通启运河。

（4）航空

发挥南通区位优势，参与上海国际航空枢纽和"长三角"运输体系的分工，拓展干线，强化支线，扩大航空货运，发展通用航空，把南通机场建成为上海第三机场，使之成为以支线航空和货运航空为主、通用航空为辅的上海国际航空枢纽的重要组合机场。

（5）轨道交通

普通铁路规划"一纵两横一环四支线"布局，其中"一纵"为新长—沪通铁路，"两横"为宁启铁路和海洋铁路，"一环"为沿江沿海铁路，"四支线"为如皋港区、狼山港区、江海港区、启东船舶工业园铁路支线。

随着商品经济物流、客流向城市各个角落的蔓延深入，现代城市空间结构各区域、各元素之间的联系更为便捷通达，其尺度和速度大幅提升，这使得余下的空间形态演变得更为复杂，更为"牵一发而动全身"。

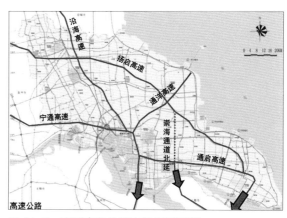

图14-8 南通高速公路交通规划网络
Figure 14-8 Highway traffic planning network in Nantong
图片来源：根据南通市规划局提供《南通市城市总体规划2011-2020》绘制

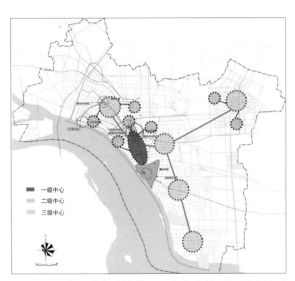

图 14-9　南通城市结构片区层级与多核心组团式的形态分布

Figure 14-9　Nantong city structure district level and form distribution of multi core group type

图片来源：根据南通市规划局提供《南通市城市总体规划 2011—2020》绘制

14.4 近现代城市结构层级分析——南通
Analysis of Structure Level of Recent and Modern City–Nantong

现代南通城市尺度较之近代时期大为扩展，中心区已将"一城三镇"的宏观结构内化为崇川区（包括狼山风景名胜区为依附）和港闸区紧密联系而成的整体，并在原基础上填补密度疏松的中间地带，扩展性地涵盖了观音山、北翼新城、城南片区等周边。从近代结构增殖到"四区"抱团组合，南通已经成为全面现代意义上的中心城区（图 14-9）。

现代南通城市中心区结构的拓展实质上一方面是结构层次尺度的跨越发展，将原有"一城三镇"内化，另一方面是将聚合的"次结构"单元作为扩大意义上的城市"核心"。这种中心区结构的延展是与现代城市经济社会的急速发展分不开的。中心区结构除了外向拓展、"急速扩张"外，在另一方向上呈现出现代意义上的结构性深化，表现在对历史城区功能异化、交融并置的"内省反思"，包括：对原有水系的保护和利用；在新的发达的路网结构建设基础上，如何处理新旧肌理；近现代建筑类型在历史文化核心区的保护与并置问题。结构的深化发展离不开城市的历史，并应在全球"后工业化"城市中心区复兴与回归的大背景下，充分利用形态的异质、穿插和并置，达到相互补充、共生更新进而拓宽城市形态的丰富度、容纳性与城市生活的灵活多样性的目标。

现代南通城市结构转型演进的实体与隐性结构的各个方面、各种过程同步交错展开，相互影响，不可割裂，又同时是从近代结构转型基础的各个方向上发展而来。所以将两个不同转型时期的同类演变加以比对，将有着对历史轨迹的全面概括和传承的意义——在这个角度而言，近、现代城市是有贯通性和沿结构轨迹运动的一体，指向空间结构未来的可能性。

15 大城市的生机、矛盾与提升

Vitality, Contradictions and Enhancement of Great Cities

图 15-1　南京秦淮河
Figure 15-1　Qinhuai River, Nanjing
图片来源：http://www.nipic.com/show/1/48/6315963k
ae77147c.html

图 15-2　巴黎塞纳河
Figure 15-2　La Seine, Paris
图片来源：http://www.nipic.com/show/1/38/4830154k2
8d53f0b.html

（一）

大城市及特大城市的生长、发展有其自身的机制、生长源和历史的发展规律。它们在各个国家和地区都有其在政治、经济、文化、科技上的独有的生机，且对周围城镇和地区有着辐射作用。

大城市（含特大城市），它集聚国土、众多人口、产业、人才，引领着文化、科技、经济等发展。如果说城和乡镇，起着中心和轴的作用，有着运转中的自主作用，那么外来的经济、文化、科技交流，则起着融合的作用。广大城镇，包括中小城市、县城、乡镇，像被"众星捧月"，它们的富裕、发展、增长和强大哺育着广大的乡村和农业，对广大的农村和农业、对推进城市的发展起着十分重要的作用，这是我们需要十分关注的。没有农业的"一产"，就没有"二产、三产"的基础，同样，没有"二产、三产"，产业科技文化也难以共同促进国家的富裕、富强。

大凡大城市，都有一条大河流靠近或穿过，如南京的秦淮河（图 15-1）、长江，武汉的长江，重庆的嘉陵江和长江，上海的黄浦江，北京的永定河，巴黎的塞纳河（图 15-2），莫斯科的莫斯科河，彼得堡的涅瓦河，华沙的维斯杜拉河，伦敦的泰晤士河。河流与它的城市都有历史的渊源，都有相互的依存史，留下了人们活动的烙印。人们离不开水和环境，工业化后伦敦的水被污染了，经历几十年的治理，它又给城市人民带来了幸福。人离不开水，要排除污染，城市必须有碧水蓝天。

大城市的经济依靠若干重大产业支撑，它的持续发展也直接、间接地影响着城市的持续发展。工业生产易带来废气和污染物的排放，治理是一件大事。城市的污水、垃圾是城市的公害。北京每天要产生 1 万多吨垃圾，怎样处理？填埋需要土地，焚毁又怕产生废气，怎样有序地分类垃圾是一个值得研究的问题。

产业的持续和提升是当前国家的大事，提升要转型，要靠科技，要靠管理，这是一个大门槛。我们讲产业必然要讲它的提升，没有提升，某种意义上讲是不可能持续发展的。事物都是相对的，大城市如果没有周围地区、中小城市及乡镇的支持，它的辐射作用也将化为乌有。一切都是相辅相成的，这是一种态势。

上海是一座港口城市，商船由外八渡码头，经由黄浦江，进入长江，借此之利发展成为大城市，人称大上海。20 世纪的改革开放，以浦东为龙头，大大地促进了上海的经济发展，金融业、制造业、造船业等得到极大的发展。浦东的开放成为中国大地上的一颗明珠，继深圳的开放之后，它成为长江三角洲的经济发展的龙头，带动了浙江、江苏及安徽一带，且辐射全国。它支持边区，在经济、政治、文化、科技等方面都成为一个辐射源，甚至波及全中国。它的工业产品得到国内的认可。上海港口也很快得到发展，洋山港的开放对中国东部甚至亚洲起着引领作用，成为东方一大港。在经济、科技、文化、教育上很快发展起来，在城市建设方面，相继建立了上海大剧院、金茂大厦、中环大厦等标志性建筑。这些标志性建筑以及成片的住宅和公共设施的开发，地铁、跨海大桥的互通，大交通、通讯的提升，使得城市人口得到很快增长，人口总量已进入 2000 万。

从上海外滩的建筑界面可以看到各个时期的建筑形态。

城市内部有着各种密集的小街区，呈现出特色的城市肌理，有多层，有高层，也有富豪的住宅，同时也有相对贫困的住宅区及上海地段有特色的里弄，各种类型今天仍然适宜于居住。目前，上海有高标准的福利设施和配套设施，有具有悠久历史的知名高校及相应的科研机构，沿着黄浦江又有一系列的工厂和仓库。人们在有限的空间中居住下来，说明好的福利设施也是宜居的条件之一。新中国成立后上海几经改造，在城市中高楼林立，各种建筑新风格也插入其中。上海已成为金融中心，其CBD随着经济的发展而逐渐有形无形地形成。各地段也有形无形地扩散成分区中心，徐家汇曾经是高档生活的地段，而今浦东开发，高架桥和地下隧道联系着两岸，使上海北外滩延伸地发展。

步行空间是人们活动的中心，"田子坊"的步行街区成为中外游人的好去处，十六铺码头的"老码头"，也成为富有活力的活动场所。城市的活动不只是交通、运输、信息传播，而且更要有充满活力的生活场，如上海有集聚的休憩空间，也有创新的城市活力空间。

虽没有像北京城一样作为皇城的历史，也没像苏州城那样有 2500 年的历史文化，也无像南京城六朝古都之称谓，但上海有其自身的特点。上海文化，人们称之"海派"文化，因为它与世界有着不可分割的交往，它灵活、讲效率，连人们走路的脚步也要比其他城市的人快半拍。这里的人们思维开放，未有定式，其经验的积累，对苏南经济发展起着推动力作用。所谓海派文化，多少有点"不定式"的可变的缺少沉淀的文化特性，但又有较快地吸收外来的文化使之交融的特点。改革开放以来，上海的经济飞速上升，不能不说这是在"海"的包容性下的动态的吸收成果。我曾多次参加上海市重要工程的评选，如金茂大厦、期货大厦、北外滩、城市的交通组织、党校教学楼、展览中心、世博会等等，它们表现出灵活性，带有新创意，它们吸收外来文化没有"定式"，而是一种"动"的应用，但"动式"难以固定，积淀可以产生高的文化。上海的历史，是一种多元文化的交融，易于吸收，但也难以固定，难以成为一种定式。

研究城市不只是研究大城市，还要研究中小城市，研究城市的主角"人"，人的活动（政治活动、经济活动、科技文化活动）、地区的习俗等都对城市有影响、有反馈，这其中有物质形态也有精神形态。物质形态可以延续，可以长远，可人的寿命有限，两者有大的差异。老的建筑可以"新陈代谢"，住几代人，人们问："它适度宜居吗？"聪明的人们就将空间进行更新，讲宜居的适度，也就是在各种条件下的宜居。宜居与生活有密切关系，天寒地冻的北方、酷热难耐的热带不宜居，但人们为了制宜于环境总想尽办法，筑屋、筑建筑来适宜于环境，建造适宜于自己的居住条件，同样公共建筑也是如此。各种建筑都要有防寒、防热、防火、防潮湿、抗冻等要求，所以"防"是宜居的条件之一。阶层、宗教、风俗习惯、经济地位、职业、经济收入等都会有自己

的要求，而我们指的是相对平均、相对公平、相对和谐的条件，古人讲"居者有屋"就是这个道理。当今各地政府倡导建设廉租房，大量地建设以改善人们的生活，这是必需也是必要的。过去我看到城市的标语"人民城市，人民建"，这似乎不够准确，还应该加上"人民城市，政府建"，因为人民纳的税应用于人民，所以政府要改变功能结构，转变成为服务型、学习型，当然也有管理型。我们的官员要有强烈的责任感，不追求片面的业绩，而是做看得见的事，使人民真正得到实惠。

我国地域辽阔，各地存在很大的差异：重庆是山地城市；成都是四川省省会，处于盆地，地势优越，人们相对悠闲，是为"安逸"；而南京是江苏省省会，是六朝古都，人民朴实、浑厚，地理上有山有水，不失为一座宜居的城市，近年来的建设更使其不失为一座美丽的城市；北京是国家的首都，中央人民政府、"人大"及各部委所在地，是全国的政治、经济、文化中心。

我们研究大城市、特大城市，离不开研究城市的肌理，当然也离不开研究它的各种矛盾，诸如：

（1）高楼林立；（2）"龙飞凤舞"；（3）布局散乱；（4）污染严重；（5）交通拥堵；（6）废气排放；（7）设施欠缺；（8）缺乏管理；（9）多头系统，没有整体；（10）宜居失调，领导有责。

（二）

我国曾将 100 万 ~300 万人口的城市称为大城市，将 300 万 ~1000 万人口的城市称为特大城市，超过 1000 万人口的城市则称为巨大型城市[1] 表 15-1，这些大城市地区的首位度比较高。各国的首都一般都是特大城市，如巴黎人口几乎占法国总人口的 1/10，而伦敦人口则占英国总人口的近 1/3。

我国的大城市建设得比较好，福利设施、基础设施较为完整，商贸银行较为集中，它吸引地区和全国的人口，外来务工人员也多。特别是改革开放以后，农民到大城市务工者甚多。

大城市、特大城市的知名度高，一般都是历史名城，历史相对悠久。历史事件也相对很多。

我国的首都历史悠久，从元、金、明、清都是国都，曾称北平，1949 年新中国成立后改为北京，现在其人口 2000 多万。其他如上海、广州等城市，它们也都有历史的遗迹，且有众多的物质及非物质文化遗产，其城市文化历史的保护最为重要。

城市的生机即是城市的生长点，城市由于产业、文化、科技及教育而富有活力。一般大城市是综合性的，有大片的居住小区、工业区、仓库区等等，其码头、空港、铁路和公路交通枢纽，是人流、车流的集散地。大城市仍占有国民经济生产总值的很大比重。

除大城市外还有不少县级市和县，再下为乡镇和自然村，它们对城乡

表 15-1　城市人口调查

Table 15-1　Urban population survey

表格来源：http://cn.bing.com

城市	人口数 （第六次人口普查）	占全国比重（%）	
		2000 年	2010 年
北京	1961 万	1.09	1.46
天津	1294 万	0.79	0.97
上海	2302 万	1.32	1.72
广州	1207 万	0.78	0.94
深圳	1036 万	0.55	0.77

1　《中国中小城市发展报告》编纂委员会 . 中国中小城市发展报告（2010）［M］. 北京：社会科学文献出版社，2010.

一体融合起着主导作用。我们在研究城市的同时不能忽略乡镇的研究。

大城市的文化水平相对要高，有大学城区还有科技园区，形成"产"、"学"、"研"三者相结合。文化是城市的灵魂，关注文化建设如纪念馆、博物馆等文化设施的建设是对历史的尊重。

大城市的基础设施的建设包括城市的枢纽及其研发和控制，一定要提高其质量，才能解决城市的抗灾能力，抵抗自然灾害的侵袭。

大城市中心区是人口密集区域，有众多广场和重要的交通通道，要确定道路宽度和密度是科学、合理的。

城市也是高楼密集的地方，高楼可以提高工作、居住的人数，但它的阴影也带来了负面影响，大量玻璃幕墙的应用也形成光污染。大城市的绿地系统是重要的地方，它是城市的"心"和"肺"，是生态环境的首要要素。特别要提出的是城市中的必须关注的众多问题，如城市的投入、税收、房地产、土地经济等矛盾。

大城市、特大城市人口密集，房屋有新有旧，城市的改造、更新、再生是为不可避免的。

生机就是运行，也是当今转型中的重要一环，某种意义上也是重组。党和国家贯彻"十八大"精神，创新建设有特色的社会主义的国家和体制，那就要克服前进中的诸多矛盾。

首先是人口密集，有的地方人口密度大，住房紧张。老四合院原是一户家庭居住，而现在为多家使用。城市中还有不少棚户区和待拆迁的房屋，住宅问题成为城市中一大问题，要建设廉租房、商品房等，这又涉及土地占有、城市规模的扩大等问题，而住房建设占用农田，又出现了城中村等一系列问题。怎样融而为一，使二元成为一元结构，都是政府要研究的问题。当然同时要考虑加强城市的基础设施的建设和提高防灾能力等等。

其次，当今全球气候变化，大气污染，干旱和水灾同时并存，这些对老百姓的损害众多。城市中交通拥堵，雾霾天气增多，少有蓝天。村镇办企业，水污染也严重，还有重金属的污染。资源枯竭型的城市也有百来个。这不能不引起我们对环境问题、生态问题的高度重视。

第三是运行机制。这是一个十分重要的课题。我们的体制是从战争年代转化而来。改革开放后，市场经济、全球经济及当今经济的全面放开，必然要求体制的改革。减少编制，使政府转变成为服务性、创新型、学习型的政府成为一种需要，加上当今的深入开展党的群众路线教育实践活动，必然要求精简机构，加强基层的力量，做到脚踏实地地为人民服务。转型和重组是国家的大事，把纳税人的钱真正用到刀刃上，用实际的建设拉动内需，增强国际竞争力。这需要有思想上的大转变，也是一场巨大的思想革命。我们的工作必须减少程序，提高政府工作的透明度。

第四是要重视生态建设，使大城市、特大城市向生态城市迈进。历史的发展要求我们"倒过来看城市",城市过于集中产生诸多的"城市病",其解决的核心是两点,即:人口合理的疏导,使农民工就近务工;再就是提高生产率、生产水平。合理的交通组织可以改变城市的时空结构,发展就近的乡镇有可能促使城乡生态化。

第五,我国仍是一个发展中的大国,发达地区与次发达、欠发达地区仍有很大差距。我国的大城市不论是在重工业、轻工业抑或是尖端产业都起着国家经济上的主导作用,占有举足轻重的地位。大城市是富裕阶层集中的地方,但也是贫富差距突出的地方(图 15-3)。组织城市的街区宜为贫富混合街区,同时缩小城乡差别,促进共同致富。党的"十八大"提出的两个一百年奋斗目标一定能达到。

图 15-3 城市贫富差距漫画
Figure 15-3 Caricature of the gap between the rich and the poor
图片来源:http://cn.bing.com

自 1921 年中国共产党成立以来,我国走过了漫长而艰辛的革命道路,成千上万的先辈被日本帝国主义和国民党反动派屠杀,这部辛酸史、苦难史必教育我们一代又一代。面对外来文化的影响,以及市场经济的竞争,有些人的集体意识淡薄了,缺乏远大的共产主义理想,加强政治思想教育成为我们的必须。

发展是硬道理,发展就是要提升。提升是指增强科技水平、提升国力。

提升也是指要提高我们的执政能力,以科学发展观来治理城市,给管理者、专家、群众以充分的发言权,使群众参与合理化,一切为人民打算,一切为人民服务,不唯政绩论,不以"标志性"评定业绩,深入群众。

最后,要提升我们的学习水平、学习能力和质量,这要求我们要有创新的能力。我们要爱护我们的城市,管理我们的城市,保护好我们的城市。

我们研究宜居环境,要了解大城市的生机及其矛盾,提升我们认识上的价值观。

16 矛盾下的城市病

Urban Diseases in Contradiction

1950 年代，建设系统提出"控制大城市，发展中小城市"的策略。改革开放以后，不论大、中、小城市和小城镇都有不同程度的发展，特大城市如北京、上海、广州，人口都超过 2000 万人。

一般而言，特大城市的基础设施比较完善，福利设施齐全，城市有分级的商业中心，行政能力集中，信息量大，而且大都是历史文化名城，历史遗址多，是值得记忆的城市，并有大型的博物馆、纪念馆、影剧院，大学校园相对集中形成大学城。特大城市的对外交通较为完善，航空、高铁、动车、高速公路都形成交通枢纽。在政治、经济、科技、文化上对周围地区辐射力强，产业布局上有相应的"拳头"产品，在产业由粗犷型向集约型的转型中，特大城市承担着重要作用。特大城市人口密集，财富集中，但也是地区的极端气候变化和灾害相对集中的地方。

大城市、特大城市一方面人口集中，设施水平高，另一方面从宜居环境的角度看，有宜居的地方，也有诸多矛盾，如交通拥堵，污染相对严重等。城市交通涉及交通道路的宽度和密度、道路的质量、人行交叉口的通行、停车位的设置、拥堵时段性等因素，虽然采取了相关的管理措施，但停车难、"中国式过街"等矛盾仍然突出。上海是一座美丽的城市，但城市交通也是十分困难的，有人称之为"堵城"。车辆几乎每天都在增加，城市拥堵是一个大难题。拥堵又产生废气排放，给道路两侧的居民还带来噪音的干扰，即使有地铁、轻轨，中心地区的交通仍是困难重重。

大城市的弊病列举如下。

病状一：商业街夜市太脏。10 年前国外的一些夜市也很脏，但是现在他们改进了，这说明管理上有差距。

病状二：街巷整治出新回潮严重。例如，近三年来南京整治了大量的街巷、小区、楼房，但长效管治没有跟上，一些市民也不珍惜，出现了占道经营，倚门出摊、机动车乱停乱放、乱贴乱画回潮等问题。

病状三：城郊地区违建盛行。在城中村和将拆迁地块矛盾重重，这几年平均每年拆除量近 300 万平方米。城市中心违建控制还比较好，近郊区的违建则比较严重。

病状四：垃圾太多没地方埋。南京市每天产生 5000 多吨垃圾，很快就将达到 6000 吨，其中厨余垃圾达 500 多吨，新建垃圾、填埋场是很困难的。

病状五：流动摊贩管理争议不少。流动摊贩在一定程度上弥补了公共配套服务的不足，但要求有序的管理，不能污染环境、侵占道路、阻碍交通，是取缔还是疏导，也关系到小贩的经营。新加坡在这方面就做得很好，那里的小吃中心、小贩中心得到很好的管理。

病状六：满城挖地这种现象还得再熬两年。现在南京地下的盾构机，只比世博前的上海少一些。目前有六条轨道交通同时施工，下半年将是七条同时施工，有 92 台盾构机在工作，造成一个时段的交通困惑。但到 2015 年底或 2016

年上半年南京地铁将达到 250 ～ 280 公里，这将实现每天 400 万人通过地下交通上下班，结合地面公交和公共自行车，构成多种交通并存，使城市交通有好的改善。

病状七：扬尘和水流整治有阵痛。"PM2.5"一直是南京市民关心的热点，在大气环境整治上，南京针对工地扬尘、工业废气和机动车尾气排放等问题分别出台了扬尘防治 10 条举措。

病状八：黑渣土车横行的顽疾仍在。渣土车管理一直是城市治理的顽疾之一，南京去年出台了"史上最严渣土新政"。

病状九：乱丢垃圾、闯红灯"多大事啊"。我们要讲文明，要有良好的公共秩序意识，改变随意乱倒垃圾、乱吐痰以及闯红灯等的不良习惯。

病状十：停车难，小街小巷挤满满。小街小巷停满了车，一不小心没看路就会撞到车上去，而且停车停得不规范，乱停车，消防车都进不去，一旦出现突发事件，就成问题 。

"城市病"如前所述是多种多样的，追其根源之一是城市发展过快造成的。我国的城市化率 2012 年已经超过 50％，如每年增长 1％，未来 20 年将有 1.5 亿农村人口进入城市，我国的城市化率将突破 70％，这是一个惊人的数字，必将影响城市的发展。

城镇化的快速发展，使城市中的各种矛盾加剧，在粗放式的城市化进程中，有些城市已经尝到了城市病的病痛。资源在城市中造成不必要的浪费，交通问题、拆迁问题、流动人口的教育和住宿、城市医疗问题、治安问题、疾病防控等等，对此都要具备应对措施。城市废气污染、各种传染病的传播等都相对农村要多得多，房价及物价上涨快速，城市中原有的某些宜居地段也开始不宜居。

我们提高消费力，拉动内需，促进经济快速增长，其实负面影响也很严重，而且自然、生态、环境的报复已开始了。北京的雾霾天气已被大家所公认，计划花三年时间来解决，但这要看我们的力度。城市是一个复杂的有机体，治理城市污染是一项复杂的系统工程。巨大的负荷一步步地压在原有已不太完整的各项设施上，这样只带来了低水平的城市化，成为一种不可持续的模式。我们必须清醒地认识到，城市风格千篇一律，虽有规划、城市设计，但仍脱不了这种弊病。"十八大"提出奔小康符合全国人民的利益，我们要在党的领导下全体城乡人民一起努力去实现。

我们说发展是硬道理，是基本的，但是相对的控制和保护某种程度上也是硬道理。我们批判片面追求业绩、政绩的行为，不能破坏生态损害人们的长远利益，因为地球只有一个，土地资源有限，我们不能不顾及下一代的可持续发展，一定要处理好眼前和长远的关系。

"城市病"最早凸显于英国，因为英国率先成为发达国家。之后其他国家的人口也开始集中，城市人口贫富差距加大，环境污染加重，"城市病"开始引起学界、政界的关注。

随着时间的推移，有的大城市如伦敦、纽约等的城市矛盾已逐步得到缓和和解决。中国的深圳是带状城市，城市多中心，且公共交通组织得好，所以拥堵问题并不是特别严重。香港则是公交优先，70%～80%或更多的人乘坐公交车，所以拥堵问题也得到解决。而北京城市问题突出，雾霾天气时有发生，交通严重拥堵，几乎用尽办法，如：单双号限行、地铁、高速干道，各种手段都用上，只能说"正在改进中"，人和车的控制是至关重要的，公交优先要真正做到实处。杭州沿钱塘江一边好一点，而苏州古城区堵，新城区也是堵，只有工业园区略好一点。

人口的过快集中，贫富差距扩大，环境污染加剧，交通拥堵严重，这是世界上很多大城市都走过的路。我们如何应对这些矛盾，怎样从制度、体制、措施上来引导改进？

深入的思考要从城市化的源头即经济的发展开始。城市形成，成为一个增长极，有集聚的经济性和集聚的不经济性，完全用行政的命令和集权的办法是难以控制的。城市中贫富差距拉大、城市人口的扩张正源于此。我们知道，有一部分人在经济发展中富起来，但要"共同致富"还需要一个历程，梦想真正得到实现还要经历一个历史时期。我们从生长的过程中找出规律，也将是一个艰苦的过程。

大城市中的基础设施还不健全，有的部门还很薄弱。波兰华沙有发达的下水道系统，在第二次世界大战中还曾被游击战战士用作作战的地方，而北京的排水系统存在的问题暴露在2012年的一场大雨之后。我们还不能完全把握大城市的管治水平和能力，如雨水、污水分流怎样到位正是考验我们的管理和施工水平。

我们只能采取相对措施来解决城市病：

（1）提高教育水平、法制水平，采用疏导的方式而非硬性切割，要认识到大城市病是多种因素形成的。

（2）挖潜力，使大城市在转型中向更高的层面转化。

（2）促发展，使外来务工者也参与城市的发展。

（3）充分发挥县级城市的作用，疏散中心城市人口。合理规划城市功能布局，使人们尽量选择住在工作地周围，以减轻交通压力。

17　城市交通问题

City Traffic Problems

（一）

交通问题在当今大城市，特别是特大城市，已成为不可避免的重要问题，其主要原因是特大城市的公共福利和公共设施有诸多增加点，对周围地区辐射能力强，吸引了农村众多的劳动力。现在城乡有着很大的差距，部分农民工能够在城市成为富裕人口，置房产，购汽车，但其户籍仍在农村，农民也不愿放弃。

农村人口向城市涌入，使得城市人口密集，城市公共交通滞后发展，私家汽车的拥有量相对大幅增加，虽有停车收费、车辆购置摇号等限制，仍不能控制城市车辆拥有量的持续增长，所以城市更加拥堵不堪，这在世界的大城市中几乎都是不可避免的。面对交通问题，城市中开始修建地铁，地铁在欧美已经得到大力建设，而我们国家也已进入地铁修建高峰期，从哈尔滨、沈阳、大连，到上海、南京、杭州，直至广州等地都有建设，但是仍然解决不了城市的拥堵问题。

解决拥堵，最根本的措施是疏散人口，控制人口的增加。过去国家政策是控制大城市的发展，发展中小城市，改革开放以后，农民大量进城，大中小城市都有发展，进城人口的数量难以控制，北京、上海、广州发展成为超大城市。

城市的人口增加和污染加重相伴，北京市将石景山的钢铁厂搬迁是一个明智之举，又针对污染工程采取"关停并转"政策，也是十分有力的措施，奥运会期间周边城市的污染企业被要求停产，使城市得到良好的空气质量。

我们设想将大城市、特大城市由单一中心转为多中心，组织分散的城市发展轴，使城市的"十"字形结构转为"州"形结构，这样可以使人流、车流也随之而分散，加上环形的地铁，有机地疏解交通。北京奥运会开幕式有 10 万观众，因为交通布置得体，鸟巢中的人流疏散得非常迅速，矛盾得到了解决。我们的交通可以用地铁、轻轨、公交车和小汽车并举。

交通的疏解，离不开信号系统的控制、城市中道路的立交布局和人流的组织，其目的是为了提高交通的运行能力，使城市的多种需求得到解决，达到安全的标准。如设置换乘车站平行系统缩短换乘时间，或者采用相互错开等多种方法，都是分散人流的好措施。

很多城市有卫星城，由卫星城进入城市的时间也相应缩短。二次大战后英国伦敦周围建立了众多的小城镇，但是到了 1960 年代人口又流向城市，英国伦敦现有全国 1/3 的人口，而巴黎有全国 1/10 的人口，可见大城市的诸多矛盾依然存在着。

人类技术进步，在给人类带来益处的同时也带来了诸多矛盾，特别是交通拥堵和污染。

我们追求宜居环境，享受大城市的福利的同时，却忽视了大城市的弊病。我们要进行深入的思考，要建设生态城市、绿色建筑，这是我们亟须研究的问题。在研究可持续发展和在全球气候变暖的客观情况下，要寻求各种措施，进行探索。

车辆拥堵的同时还存在停车难的问题。东南大学的校本部是中央大学旧址，不过 400 米 ×400 米的方块大小，四周为道路，区域内停车问题非常严重，除了大礼堂前一块水池边以及主干道严禁停车外，几乎各条支路边都停上了车，包括唯一一幢高层建筑的地下室，学校成为停车场。

有的大城市建高层停车楼，甚至有地下几层停车库。南京鼓楼医院是一所知名的三甲医院，内设三层自动停车架，医院内又建立了综合大楼，面临干道，噪音污染双管齐下，看病难，停车也难。城市加大措施，力求分散，同时提高医疗水平，这才是出路。

当今大学校园，不得不寻求往郊区设置校区，于是形成一片片的大学城，这给城市规划带来了新的课题。鼓楼医院在仙林区有分医院，各大学也纷纷在周边建分校区。但有些大的污染工程难以搬迁，城市居民只能承受季风带来的被污染的空气。污染工程的选址要有长远的规划，因为其难以变迁。

我们讲拥堵，必然要讲它们的发展。全球气候变化无常，自然灾害夹杂着人祸，没有科学的策划和规划，从长远来讲是难以服务于人们的。

我们国家是发展中国家，是一个大国，城市化快速推进，城市人口增多，据统计 2012 年我国的城市化率已达 51.2%。这带来了诸多矛盾，如环境问题已突出为严重问题。今天的中小城市，明日也许发展为大城市，大城市也在升级，我们讲科学发展观，以人为本、持续发展是一个全局性的问题，要整体、系统地研究。

讲宜居并不是一个孤立的，而涉及方方面面。宜居不仅仅涉及单个建筑的舒适度，还包括住区、城市、区域和流域的适宜性，重大建筑的建设必须考虑到生态和绿色。建筑学也不再是传统的古典的建筑学，更重要的是它关注环境的品质。

过去研究城市问题时，我总会把人口、土地、水源、资源和体制等问题排在一个系列，而今天的研究，我则要把环境问题放在重中之重，生存要研究它，生活也要研究它。如果过去研究城市形态，先是研究其物质形态，那么今天则要把精神形态，更重要的是把环境形态纳入到研究范围中。

拥堵只是其一，相关联的则是一个生态链。

（二）

在世界特大城市中，交通的拥堵已成为不可避免的现实问题，我们需要从多种原因中分析这种状况，缓减这些矛盾。

城市中心区由于道路网的密度不均，大多车辆通行不顺，需要拓宽道路，达到合理的比例，这要根据不同城市的规模大小而定。

（1）城市道路用地面积应占城市建设用地面积的8%～15%。对规划人口在200万以上的大城市，宜为15%～20%。

（2）规划城市人口人均占有道路用地面积宜为7～15平方米。其中道路用地面积宜为6.0～13.5平方米/人，广场面积宜为0.2～0.5平方米/人，公共停车场面积宜为0.8～1.0平方米/人。

（3）城市道路中各类道路的规划指标应符合相关的规定（表17-1～表17-6）。

表17-1 不同规模城市最大出行时耗和主要公共交通方式

Table 17-1 Travel time and transportation modes in respect to cities with different scales

城市规模		最大出行时耗（分钟）	主要公共交通方式
大	>200万人	60	大、中运量快速轨道交通，公共汽车，电车
	100万～200万人	50	中运量快速轨道交通、公共汽车、电车
	<100万人	40	公共汽车、电车
中		35	公共汽车
小		25	公共汽车

注：引自《城市道路交通规划设计规范》（GB 50220—1995）表3.1.3。

表17-2 公共交通方式单向客运能力

Table 17-2 Transportation mode and its one-way passenger capacity

公共交通方式	运送速度（公里/时）	发车频率（车次/时）	单向客运能力（千人次/时）
公共汽车	16～25	60～90	8～12
无轨电车	15～20	50～60	8～10
有轨电车	14～18	40～60	10～15
中运量快速轨道交通	20～35	40～60	15～30
大运量快速轨道交通	30～40	20～30	30～60

注：引自《城市道路交通规划设计规范》（GB 50220—1995）表3.1.7。

表 17-3　大、中城市道路网规划指标

Table 17-3　Road network planning indicators of large and middle-scale cities

项　目	城市规模与人口（万人）		快速路	主干路	次干路	支　路
机动车设计速度（公里/时）	大城市	> 200	80	60	40	30
		≤ 200	60 ~ 80	40 ~ 60	40	30
	中等城市		—	40	40	30
道路网密度（公里/公里²）	大城市	> 200	0.4 ~ 0.5	0.8 ~ 1.2	1.2 ~ 1.4	3 ~ 4
		≤ 200	0.3 ~ 0.4	0.8 ~ 1.2	1.2 ~ 1.4	3 ~ 4
	中等城市		—	1.0 ~ 1.2	1.2 ~ 1.4	3 ~ 4
道路中机动车车道条数（条）	大城市	> 200	6 ~ 8	6 ~ 8	4 ~ 6	3 ~ 4
		≤ 200	4 ~ 6	4 ~ 6	4 ~ 6	2
	中等城市		—	4	2 ~ 4	2
道路宽度（米）	大城市	> 200	40 ~ 45	45 ~ 55	40 ~ 50	15 ~ 30
		≤ 200	35 ~ 40	40 ~ 50	30 ~ 45	15 ~ 20
	中等城市		—	35 ~ 45	30 ~ 40	15 ~ 20

注：引自《城市道路交通规划设计规范》（GB 50220—1995）表 7.1.6-1。

表 17-4　小城市道路网规划指标

Table 17-4　Road network planning indicators of small-scale cities

项　目	城市人口（万人）	干　路	支　路
机动车设计速度（公里/时）	> 5	40	20
	1 ~ 5	40	20
	< 1	40	20
道路网密度（公里/公里²）	> 5	3 ~ 4	3 ~ 5
	1 ~ 5	4 ~ 5	4 ~ 6
	< 1	5 ~ 6	6 ~ 8
道路中机动车车道条数（条）	> 5	2 ~ 4	2
	1 ~ 5	2 ~ 4	2
	< 1	2 ~ 3	2
道路宽度（米）	> 5	25 ~ 35	12 ~ 15
	1 ~ 5	25 ~ 35	15 ~ 15
	< 1	25 ~ 30	12 ~ 15

注：引自《城市道路交通规划设计规范》（GB 50220—1995）表 7.1.6-2。

表 17-5　我国与其他国家特大城市道路设计规范的规定对比

Table 17-5　Comparison of road design guidelines among mega-cities in China and other countries

道路等级	我国规范规定的特大城市路网里程比重（%）	美国规范规定的道路里程比重（%）	日本名古屋采用道路里程比重（%）
快速路	6.4~9.0（7.2）	5~10（7.5）	3.3
主干路	12.8~19.2（16.0）		13.3
次干路	19.2~22.4（20.8）	10~15（12.5）	
集散街道	—	5~10（7.5）	83.4
地方街道	—	65~80（72.5）	
支路	48~64（56）		

注：圆括号中数字系取上下限的平均值。

表 17-6　我国规范规定的不同规模城市道路网密度及级配比例

Table 17-6　Different urban road network density and grade ratio based on our standard

城市规模（万人）	道路网密度（公里/公里^2）				道路级配
	快速路	主干路	次干路	支　路	
>200	0.4~0.5	0.8~1.2	1.2~1.4	3~4	1：2：3：7.5
					1：2.4：2.8：8
50~200	0.3~0.4	0.8~1.2	1.2~1.4	3~4	1：2.7：4：10
					1：3：3.5：10
20~50	—	1.0~1.2	1.2~1.4	3~4	1：1.2：3
					1：1.2：25
5~20	—	3~4		3~5	1：1
					1：1.3

注：同一城市规模下的道路级配上行为低密度下的级配，下行为高密度下的级配。
　　引自《城市道路交通规划设计规范》（GB 50220—1995）表 7.1.6-1。

　　城市中私家车拥有量不断增多，与日俱增，而客运能力与公共交通是无法相比的。步行、自行车、电动车、摩托车混杂，又与公共汽车站停车位的地段交织在一起，致使交通通行量和速度成为困惑。

　　城市交叉口是城市交通的节点，要考虑过街人行通道。一种是用斑马线，这是最常用的方式，由红绿灯控制，红绿灯时间过长影响通行量，过短行人又无法通过，所以要合理控制。一种是在节点处建高架桥，行人从桥上通行，但有人认为这对城市的景观不好，于是建了又拆，拆了又建，南京有过这种"奇异"的现象，人行天桥要慎重思索而定。还有就是在条件允许下设地下通道，北京长安街最宽处有120米，行人走地下通道。地下通道过长容易产生犯罪，要加强管理，遇上特大雨水，也很容易成为一种危害。道路的建设必须要与地下基础设施共同考虑，要注意道路本身也是基础设施。

交通是"流"，而道路承载这个动态活动，在城市中组织交通是一个大问题，我们讲公交优先是其中重要原则，综合组织公共交通，是城市交通研究的重点。公共交通有多种类型，如公共汽车、有轨交通、无轨电车、地下铁（浅层或深层）和轻轨。地铁已有百年历史，在国外有许多有益的经验。巴黎的地铁甚为完善，地铁站多，行人就近就可以找到，所以地铁成为极方便的交通工具。莫斯科的交通也甚便利，其地铁多为深层的，可以防止战争中的打击。

地下隧道是组织城市交通的好办法。南京有地下隧道通过城市中心的玄武湖，城东3条隧道接连贯通南北，城西原为高架桥，现已拆除进行桥改隧工程，这种做法存在着争议，最好还要看经济、实施的结果才能评述。

解决大城市、特大城市的交通拥堵是一个特大的系统工程，它涉及人口的集聚、基础设施的分布、农民工进城、城市重大工程的布置以及商贸中心的组织等。我认为有两条关键的解决途径，一种是主动的办法，即缓解城市的人口，再一种是强化城市的公共交通。

城市人口的集中是一个必然现象，在发达国家尤为如此。在我国改革开放之初，社会学家有观点认为小城镇的发展离不开乡镇，国家制定了相应的政策，但随着快速城市化，几乎无控制的发展，制度带来的城市病难以克服。国家战略调整，西部大开发、振兴东北等政策使地区的中小城市人口也开始集聚，应将其作为重要研究的地方。因为在信息社会下，中小城市福利、基础设施可以较集中地进行建设，是最易满足宜居条件的城市，而特大城市不但要建地铁，还要建高架桥，基础设施建设量巨大。南京高架达到四层，庞大的高架实际上有碍于城市景观，且交通分散、不均匀，难以达到集约的原则。北京市的三环、四环，有众多立交桥，相当于在两边的居民区中间开了一条河，又制造了新的不便。这种发展过程，缺乏控制。我们讲发展是硬道理，对于发展中的大国来说是正确的，但要看到控制和保护的重要性，应当在发展中控制和保护，在控制和保护中发展，使发展成为一种良性的可持续的行为，滚动前进。

人们的心理是向往进入城市的，这种观念需要改变。随着经济的发展，要采用多种方式来组织城和乡、城和城、主城和次城、城市带的绿色隔离、主城与卧城以及CBD与城市中心的诸多关系，要十分注重自然环境的结合，创建生态城市，建造绿色建筑，达到富国强民的目的，圆中国伟大复兴之梦。

18 矛盾的缓解和城市品位的提升

Contradiction Resolution and Enhancement of City Quality

改革开放之后，我国的城市快速增长，引起了诸多矛盾，城市病层出不穷：用地扩大、用地紧张，基础设施不健全，福利设施也不甚配套，特别是空气污染、水污染甚为严重。这些发展中的矛盾在发达国家都十分被重视。

我国城市面临的现状是一边发展成长，一边要克服城市病，我们必须跨过这个门槛。

我国是一个大国，自然灾害频发，洪水、地震、干旱成为部分省市的困扰；我国的经济总量是好的，但地方尚有贫困城市、贫困县；资源枯竭型城市和重金属污染地区的转型发展也是我们需要解决的。诸多问题都是民生问题，要求国家的机制更多地适应人民的需要。

我国的沿海地区较早开发，成为了发达地区，长江三角洲都市圈已经延伸扩大，而西部、西南部、西北部地区则欠发展，差距甚大。

以昆明为例。昆明是我国云南省省会，是历史文化名城，也是省的政治、科技、经济、文化、交通中心。昆明在我国西南地区是重镇，面向东部大都市，气候宜人，无寒冬也无酷暑，人口 700 多万。民族以汉族为主，是多民族地区。相比之下，经济较为发达，有空运、铁路枢纽。昆明四季宜人，有"春城"之美誉。

如今昆明同样面临城市快速发展的需求，也深受"城市病"的困扰。交通废气排放、空气污染等问题不容忽视，特别是著名的滇池遭受到水污染，政府花了大力气治理污水排放，像江苏的太湖一样。还有城中村的拆除，一时难以完成，而且在新一轮城市化过程中必然有新矛盾产生。一个宜居的城市怎样恢复过来并得到提升？

我想当今城市的弊病是诸多因素促成的。城市化来势迅猛，人口一下子聚集，包围了那么多的城中村，城市管理者认为要拆除，"拆"字当头，成为全国普遍的一种"现象"。岂不知拆了怎么办？怎样置换？以什么标准来建、来补偿？同样在南京老城南有密集的老四合院，在利益的驱动下也被盖上"拆"字，但这"病"并未解决。城市要合理布局，避免"大城市病"的困扰，要有领导、有组织、科学地策划规划和设计，逐步推进，保护好历史性建筑，改善基础设施。从建筑层数的控制、原住民的置换，过渡到建筑布局、邻里关系、建筑风格的考量，均衡平衡各方利益，有序地来进行。

这就要考验城市管理者的智慧和水平，不仅如此，我们还要饱含为民负责的情感来行动。

其次在思考和策划中，发展大城市为主要模式，这种模式是否要控制，在发展中控制使之有度，还是应当发展中心城市？现实证明现在的大城市已过于膨胀，其潜力有限，且"城市病"多发。一批中小城市正处在有发展潜力的阶段，有特色的中小城市以 20 万 ~ 50 万人口规模是为理想，除放宽户籍制度，还要加速工业发展，加上大城市的辐射影响，可以成为大城市产业链的一个有机组成部分。

网络世界完全改变了人们的生活和工作方法，某些行业可以在家中或就地办公，通过视频可以商讨工作和生活上的问题。运用知识产业，可以使城市成为一种智慧型的城市，掌握天气、交通状况，预知自然灾害的来临，甚至可以把基础设施等实时动态提供给大家。

人与社会是一种和谐的息息相关的人际关系。现在人们住在住宅的"盒子"里，上下左右，不相往来，只是出门看到布告板才知道小区发生的事。交往也是智慧信息的来源之一。情感上的共同关注、情感的联系促进着全民的团结。各国都有全民共享的节日，如国外有圣诞节、狂欢节，而我国则有更多的节日，如国庆节、劳动节、建军节，更有传统的春节、中秋节、端午节等等，这都可以促进人们情感上的联系。城市更重要的是要成为有情感的城市。

最重要的是"控制"。我们讲发展中要有控制，在控制中发展。我们也讲保护，在发展中保护，在保护中发展，才能促进城市健康全面的发展。

19 城市文化

Urban Culture

图 19-1　南京明孝陵
Figure 19-1　Ming Tomb, Nanjing
图片来源：http://www.hotel-info.cn/uploadfile/images
/1251707841.jpg；江苏旅游网

城市文化是城市物质和精神的综合，在发展中的中国，对城市文化的研究有着极其重要的意义。伴随历史的不断发展和进步，必然留下深刻的文化及其印记，其中也包括城市的形态、城市的肌理、城市的建筑及其非物质文化。从传统走向现代，从农耕走向工业化、城镇化，发展出各种各样形态特征的城市，有特大、大、中、小城市，也有乡镇；有山地城市、滨水城市，也有平原城市。由于区域的生长点、生长群不同，处于不同的气候带，如寒带、温带、亚热带或热带，生物群落都有变化，而产生了规模不等、性质不同的城市。对于城市，人类一方面要去控制、掌握，但另一方面要去发展、研究、探索和学习，更重要的是要去创新。在大的生物圈中，人类主动地去创造，但又是被动地处在大自然的掌控之中。

我们必须研究发展中的城市、科技、生产、教育和社会的一切活动，以及地区、经济、地理、生物、心理的各种关系。

存在的关系是其根本，意义、类型、符号、形式是我们要研究的内容。

城市文化中最重要的是城市的历史文化，它述说着人类的过去及其进程，城市历史文化和历史遗迹的保护具有重要意义。随着考古的发掘，我们对城市历史的认识越来越清晰，从墓画、地下器皿等的考古发掘中我们知道了历史上许多真实的过去，知道了许多不为人知的事实。西安秦始皇陵兵马俑的发现震撼了全世界，河南发掘出曹操墓还原了三国时期的一些史实。

中国是世界历史上最有名的古国，它历经 5000 年，而其文化一脉相传，古埃及、古罗马、古印度都难以相比。中国的文化历来都有文献记载，汉朝的《史记》最为有名，有实物、有文献，使我们的历史有系统的描述。中国还遗存有大量记载着历史信息的建筑遗迹，如：我国南方城市广州有

图 19-2　南京明城墙仪凤门
Figure 19-2　Yifeng Gate of Ming City Wall, Nanjing
图片来源：http://www.njcct.com/blog/tu/2008/12/yifengmen.
jpg

图 19-4　南京中山陵
Figure 19-4　The Mausoleum of Dr. Sun Yat-sen, Nanjing
图片来源：http://pic12.nipic.com/20101225/6491572_1130160
29115_2.jpg

图 19-3　南京明城墙
Figure 19-3　Ming City Wall, Nanjing
图片来源：http://a3.att.hudong.com/06/38/0130000033593412
3978389026973.jpg

图 19-5　金上京历史博物馆
Figure 19-5　Historical Museum of Jinshangjing

图 19-6 承德避暑山庄
Figure 19-6　Chengde Summer Mountain Resort
图片来源：http://www.nipic.com/show/1/62/7570319
k973b6801.html

图 19-7 雅典卫城
Figure 19-7　Acropolis of Athens
图片来源：http://www.bs-travel.com/uploads/album/
Athens/20090427144249521.jpg

汉代的南越王墓；我国陕西礼泉有唐昭陵；河南巩义有宋陵；南京有明孝陵（图 19-1）和明城墙（图 19-2，图 19-3）、明故宫。明城墙最高处达26 米，明故宫惜于清末太平天国与清军的战斗中毁于一旦，至民国初南京又建中山陵（图 19-4）。沈阳是清初王宫、王陵建造的地方，沈阳的清陵形制反映当时部族的特点，东陵、西陵均有一定的气势。北京有清十三陵，都有相当的价值。

朝代虽然更替，但文化并不因此中断，各民族在统一中华文化上都起到了作用。元朝在北京建都城，它的土丘古城墙被保留了下来，哈尔滨城区保留了金上京的土城和宫殿，我们的团队在那里设计了金上京历史博物馆（图 19-5）。

中华民族是一个融合的大民族，河北的承德避暑山庄（图 19-6）就是一处民族文化融合的例证，承德避暑山庄建筑群融合了少数民族的建筑风格。

我国也是人类起源最古老的地方。北京的周口店、云南的靖江均遗留有古人类的踪迹。我们在昆明靖江设计了古生物考察站，为研究人员的研究提供了一处场所。

中国是地形极丰富的国家，有雄伟的高原、起伏的山岭、广阔的平原、低缓的丘陵，还有四周群山环抱、中间低平的大小盆地，以及干旱的沙漠。地势西高东低，向海洋倾斜，大陆海岸线长达 1.8 万公里。我国河流众多，有母亲河黄河，有我国第一大江长江，有珠江等等，还有许多湖泊，如青海湖、太湖等等。古人的行迹留下了历史的印记，文人墨客在山上铭刻赐名，留下历史各山，如山东的泰山、四川的峨眉山都是一种"文化山"，武夷山已被列入世界文化与自然双重遗产。湖泊也成为历史名湖，如世界文化遗产杭州西湖。

历史文化是城市中的重要一环，但与之并行的是人类科技的发展，因为科技是人类进步之本。当今全球气候变化，人们面临生态的要求。生态文明是如今人们重要的要求，是一种文明梦。

人类使用建筑，最先发展了梁柱形式，如古希腊时期的建筑代表帕提农神庙就是用梁柱来建造的（图19-7）。再而发展了拱，如古罗马时期建造的三层引水渠就用拱形（图19-8），是一大进步，拱进一步用在公共建筑的廊道上，组织半封闭的空间，在群体建筑中起着空间的分隔作用。

由拱发展到穹隆，教堂建筑极大地利用了这种形式，随后平面"十字"在教堂中作为一种建筑形制被固定下来。教堂在追求神圣、向上的动感的同时，也有扩大空间的需求，于是十字形拱向两侧推开，两侧的支撑演化成飞扶壁（Flying Buttress）（图19-9）。哥特式的建筑在中世纪被大量应用，对于技术发展来说是一种进步。东罗马时期向东发展，最突出的建筑是土耳其的圣索菲亚大教堂，它用极为丰富色彩的包裹，大大小小的造型体量和谐。可以认为宗教在人类文化史中，特别是城市建筑史上有着重要的作用，技术、材料的进步也推进了城市与建筑的发展。

冷兵器时代，城墙和城池是一个重要符号，不论在中国抑或是西方城墙和城池都得到运用，俄罗斯克里姆林宫的城墙（图19-10"中国墙"）也是如此。建筑技术则可以相对独立地去描述，东方的中国、东南亚国家、日本岛国的建筑采用木构架，以开间来划分，分三、七、九间等，开间为单数。为了遮阳，自汉唐以来发展了斗栱和梁架，组织成厅堂，建筑的屋顶则有硬山、悬山、歇山和庑殿及攒尖之分，皇权社会中建筑等级象征着身份。中国用土坯、砖瓦、木材建筑房屋，围合成一组组建筑群体。北京

图 19-8　古罗马引水渠
Figure 19-8　The Rome canal
图片来源：http://pic.baike.soso.com/p/20101027/2010
1027143314-210111488.jpg.

图 19-9　十字拱及飞扶壁
Figure 19-9　Cross arch and flying buttress
图片来源：Millard Fillmore Hearn.The Architectural Theory of Viollet-le-Duc[M].Cambridge, Mass：MIT Press，1990.

图 19-10 俄罗斯克里姆林宫的城墙
Figure 19-10 Walls of the Kremlin, Russia
图片来源：http://www.russia-online.cn/Upload/CKEd
itor/20110315121707%20_new0.jpg

的故宫由一层屋顶组织外部空间，成为世界城市的奇观。北京天坛用来祭天，三层宝蓝色的圆顶和祭坛坐落在不对称的轴上，成为独一无二的造型创造。

在世俗文化中，传统民居最主要的形式是以间组合成房屋，由房屋围合而成四合院，由四合院拼接形成街巷。一颗印、土楼、干栏、窑洞等民居样式众多，可惜都在拆除。民居的保护也是历史文化的保护，是我们的一项重要工作，我们要研究它们。如四川地区有独具韵味的吊脚楼（图19-11），西部的广大黄土高原上多有窑洞，甚至有双层的，这都是当地人民因地制宜的一种创造。

建筑材料混凝土和钢筋的运用，成为现代建筑的一大进步，它们具有可塑性，可以创造出多种多样的建筑形体，著名的现代建筑大师赖特（Frank Lloyd Wright）的流水别墅及柯布西耶（Le Corbusier）的朗香教堂都知名于世。钢筋混凝土结构可用于建造高层建筑，钢结构甚至可以用于建造100米以上的超高层建筑。

钢结构除了用于建造超高层建筑以外，还可以用于大空间的建筑，如飞机场、大剧院等建筑，并使建筑满足非线性造型的需求。

现代建筑材料发展迅速，泡沫板、空心砖、预制混凝土板、高强度膜材料等广泛运用，与传统的技术也同时并用。经济快速发展，更多的用材可以得到供应，钢的生产量大幅增加，钢在建筑中的需求和用量也是如此。在这些方面，我们已取得了大的进步，但面对13亿人口及其工作生活，我们的建筑与城市将会发生大的变化。

除建筑设计和结构设计外还涉及设备工程，给排水、电力、通信等起着极大的作用。现代设施甚至改变了人们的生活和工作方式，使人们可以居家办公，用网络联系，不出家门就可以获得多样的信息。

谈城市文化最后还要谈到生态文明，生态保护是当今全球气候变化背景下的重中之重。北冰洋冰山融化导致海平面水位上涨，人类需要与其他自然动植物共生，达到均衡平衡。我们需要反思，人类要顺应自然，要有控制地利用自然，一些资源如石油等的使用要有所限制。我们需要遵循传统的天人合一的理念，普及节约资源的教育，因为我们只有一个地球。在现实生活中我们一方面宣传创新材料，但另一方面又大量耗能制造新的产品，成为科学的对立面。一方面要节能，另一方面又要耗能；一方面强调低碳，另一方面是在改造中拆了低碳建高碳。我们事实上是在矛盾中行进。我们不能不看到经济发达地区的污染问题，空气的雾霾现状愈发严重，几十年前英国曾有过"雾都"之称号。发展中的国家要提前防止那些先污染后治理的现象，我们有前人的教训。世界政治格局也复杂多变。我们还有发展的空间，发展自然是硬道理，另一方面我们必须有控制，尤其是发达地区在注重发展的同时要承担治理污染的重要任务。

城市文化要更多地从地区文化中去思考。从古至今地区文化都有它的影响，如吴文化、楚文化等有自身的文化圈，音乐中有京剧、豫剧、苏州评弹等等，各地区都有其文化特点。改革开放以来，外来文化十分强势，各种文化形式如音乐、电影、文学著作等等有很多影响。我国的文化提升是国家、城市的重要品牌战略，优秀的小说及诸多事迹都是我们文化的支撑。各地都以有文化品牌而骄傲，江阴有徐霞客，更有许多文化。提升城市文化品质是我们的重要任务。

历史就这样丰富了中华民族，一种自豪感烙印在人民心中。我爱中华，我爱祖国，追求未来的梦，追求未来的富强。

图 19-11　四川的吊脚楼
Figure 19-11　Diaojiao Lou in Sichuan
图片来源: http://pic.baike.soso.com/p/20090712/20090
712231710-963230911.jpg

20 城市的文化特色

Characteristics of City Culture

城市的文化特色在城市发展中起着十分重要的作用。人们所说的人杰地灵，也包含着城市文化特色的内容。我国拥有 5000 年文化传承，每一座城市都留下许多岁月的印记和故事，给人们以深深的记忆，古城墙、古遗址等物质文化遗产，手工艺等非物质文化遗产都对当地人民产生有形无形的作用。历史事件、物质遗迹、史书记载、小说中的故事也影响着城市的发展。如相关城市循迹《红楼梦》复制大观园；《三国演义》中的荆州竖起了三国人物雕像；徐霞客是江阴人，江阴人民除了修建其故居外，还在大街、广场上为其塑像，建造纪念碑。

纪念地如侵华日军南京大屠杀遇难同胞纪念馆，是为前事不忘后事之师；北京的清末的颐和园和被八国联军毁坏的圆明园，甚至东交民巷，都会给人们以记忆；历史城市遗留的著名的庙宇、园林、街市、传统民居，像南京栖霞寺、灵谷寺和杭州灵隐寺，上海的龙华、豫园，苏州的四大古典园林，上海和天津的租界区以及成都的武侯祠等，中华大地上不胜枚举的历史遗迹承载着厚重的城市文化。

文字的记载赋予城市以文化。许许多多名人故居留下了他们的事迹和足迹。在伦敦，泰晤士河导游会介绍查尔斯·狄更斯在其屋内写的小说《大卫·科波菲尔》（*David Copperfield*），给人们以联想。中国流传多年的史籍、县志、地方志、回忆录等，是我们的文字记载形式，对城市文化的传承起到了十分重要的作用，同时，也极大地丰富了当地的文化。

《史记》是一部汉代史学巨作，它教育了后人。

物质文化和精神文化都是城市文化中十分可贵的文化。

我国地域广大，有多种地形地貌和不同的气候条件（寒带、温带、亚热带、热带）。随着气候的变化，各地的人们有不同的生活方式，对建筑形式的要求也各不相同。如北京的四合院、西北黄土高原的窑洞、安徽的皖南民居、福建和广东等地的客家土楼，以及内蒙古的蒙古包等。

祖国的文化生根于城市又生根于农村，祖国的文化是根，是流，是源，永远没有尽头。人民的血和汗洒在大地上，子子孙孙顽强地奋斗，使可爱的祖国屹立在世界的东方。富强的祖国，造就了多彩的城市文化！

我们为什么要研究城市文化特色，而城市文化特色又包含些什么，研究城市的文化特色对城镇建筑环境规划设计与管理又起着怎样的作用？

我们说城市形态，它是社会多系统作用于城市所表现出的物质和精神形态，它不只是城市外部的、内部的形式，有形的表现，而且包含了更广的文化内涵。

城市是载体，它客观地存在，是人类聚居最基本最重要的组织形式，是物质和精神的综合反映，我们分析形态是想从城市形态发展过程中寻求其特征性的表现。每一座历史文化城市的特征，都能从潜在的历史事件、事迹、社会变革的特征、革命圣地、人物的纪念地等得到显现，它们之中有的形象消失了，有的残存着，但传统文化"作为文化的烙印"代代相传，永远留存在人间。那些可歌可泣、悲壮英勇的历史事迹，那些一度繁华而灿烂的历史文化，都是人类历史情感的表现。这些历史文化又会在一定的社会环境气氛中再现，这就是"再文化"的现象。合肥市城隍庙、北京琉璃厂的修复与重建、南京夫子庙建筑群的建造等都是再现历史的表现。现实生活与过去的时代相距遥远，但人们可以实现生存的文化价值，从"再现"中获得某种光彩、某种社会心理平衡。

有特殊艺术形象的建筑显然对城市形象起着主导、主宰、控制、突出的作用，但它又坐落于城市广大建筑群之中。城市的生活环境——住宅、街坊和群体，城市的生产环境——工厂区、仓库及交通、公共设施，以及人们游憩的公园绿地等都是城市文化特色不可分割的组成部分，尽管它们融于一般的建筑环境之中，但是，其规划设计具有同等重要的价值。

（1）城市文化特色是城市文化历史发展的积累、积淀和更新的表现。

随着城市的生长和发展，人们在不断地建造环境的同时，又不断地改造着所形成的环境，城市的社会价值观念也随着城市的发展而变化。于是城市中一些物质、精神文化留存下来，而另一些就被更替了，如此循环往复。在时代共同的价值观中，城市的一部分建筑文化遗产得以生存或保护下来，如古建筑、古迹和有历史文化价值的建筑等。这种文化的深层含义就是使人们怀念过去，研究过去，品赏其意义。新的生产生活永远不停地改造更新着城市的发展，陈旧的无价值的将不断

被摒弃和淘汰。那些得以留下的建筑和遗迹就成为城市发展的历史见证和人类活动的印记，而被淘汰的（或破坏的）将永远一去不复返。人类拥有共同的文化感情，将先辈们经过创造性劳动的文化标志视为城市永恒的标志，如希腊的雅典卫城、帕提农神庙，罗马的斗兽场、水渠，中国的北京故宫等等。在建筑环境中最最突出的就是建筑物的遗迹，我们可以从城市的骨架 (Structure)、城市的肌理 (Texture) 中寻找出城市发展的文脉和城市文化发展的轨迹。城市文化浸透着人类的文明和城市的发展，城市文化深深地印刻在城市中，留在人们的生活中，它影响着传统教育和启迪人们的思想，城市文化印刻在人们的脑海里成为人类共同的文化。

（2）城市的特色是人类聚居活动不断适应和改造自然特征性的反映。

世界上几乎所有的历史名城都和山、川、河、湖相毗邻，它们给予城市的形态、功能布局、景观以很大的影响。美丽的风景、如画的城市离不开山江河湖，城市的生长发展、开发也离不开自然，自然与城市相依共生，自然与社会相得益彰。城市的选址利用自然，大多数是出于水源、运输以及发展起来的经济文化的考虑。在古代也有不少城市利用山水作为防御的屏障，山水是城防的组成部分。人类还利用自然取得生态平衡，现代城市中由于工业、交通及城市污水废气的排放带来了环境的污染，城市依托的自然环境必然反馈到对城市"自然"的保护中。自然给城市以特色景观、生态平衡，使人们得以心理平

衡，利用自然要以保护自然为准则。一旦自然生态遭到损害，那么城市社会的生存和发展就要受到制约和威胁，许多城市病的产生，都是对自然的利用不加以控制所致。自然环境和城市的组织与保护是保护城市特色的重要措施。

城市处在不同的经纬度上，面对气候寒冷和炎热的区位差、温湿的变化以及各种自然灾害，城市采取必要的防灾措施等都对城市的特色起了保护作用。寒冷地区与亚热带地区的建筑规划和建筑设计有着明显的差异，这又很自然地反映到城市的景观上来。总之城市的建设要以适应和克服大自然影响为目的，而大自然的能量仍然影响着城市，即使在科技发达的今天，城市特色仍然离不开大自然的总体环境，城市规划和城市设计、建筑设计都需充分反映这些特点。城市的道路要顺应自然地形、自然的河湖沿岸线，要寻找对景，修建建筑与自然景观相呼应，要与山形湖景相陪衬、相衬托，这是设计者必须遵循的原则。

（3）城市的文化特色综合反映了城市的社会行为、观念、行为模式特点，反映了城市社会活动的总和。

从某种意义上说，城市的社会特点是城市文化特色不可分割的组成部分。如果说城市的物质形式是建设城市的"硬件"，那么社会的组织活动反映的是其"软件"，它们之间的互动构成城市的总和和城市总的特色。对不同规模、不同性质的城市，城市活动的节奏和效率是不同的。可以认为城市现代化程度越高、信息越快，城市运转就快，反之则缓慢。城市的行为观念、行为模式因城市所处国家的社会制度、体制、观念的不同而有

所差异。社会主义和资本主义国家的城市制度、体制等方面有很大的不同。又如经济对城市的投入、投资方式、管理体制、规划等方面的差别，显然都要反映到城市特色和形态上。我们可以这样认为，建筑的表现是一种"观念的建筑"，那么观念对于城市也是"观念的城市"。我国1950年代建造的大学，建筑布局受到苏联建筑模式的影响，这就形成了一种观念。有的在校门口处设大门，正对大门必然是主楼建筑；而现今西方的大学、大学城，大多没有明显的"大门"，没有围墙，有的则是建筑群集中布置。不能不认为社会活动的行为和观念对城市的特色是有影响的，有时甚至产生巨大的影响。中国古代城市的"前朝后市"、有星象方位的印度古城、日本古代城市的守卫阁，以及法国巴黎的"星形广场"等都反映了制度、观念对城市特色的影响。其他如城市的社会习俗、趣味、群众的爱好以及宗教、政治活动等无一不透出人的行为活动对城市的物质形态、景观和形象的作用和影响。研究一个时期城市的具体观念（城市社会的）是我们研究城市形态特色需要注意的地方。城市设计和建筑设计既受到观念的制约，又要在新科技文化影响下对约定的观念做一个突破，不断探求新时代科技文化对设计的要求。

（4）城市的性质和规划影响城市的特色。

这个问题前面已作了些阐述。一般地讲，特大城市、大城市的基础设施比较完整（尤其在中国），城市的科技文化条件比较完善，智力相对密集，生产效率高，交通及通讯信息也

较一般城市为快，但大城市又伴随了人口拥挤、土地紧张、建筑密度高、环境质量差等问题。由于工业相对集中，大城市中交通运输、废水、废气、废品处理以及城市的应变能力常常成为矛盾的焦点。如何调整好城市的产业经济结构、协调各个系统之间的矛盾、保护环境质量是管理者的重要任务。在科技发达的今天，发达国家中大城市能获得的福利设施，中小城市也有可能达到，加之科技进步所引起的产业性质的变化，大城市的某些优势有时会发生"逆反"，"反城市化"现象的出现就是一个例子。

至于城市的性质，不难看出风景旅游城市不同于工矿城市，以采矿、冶炼为主的城市不同于一般综合型的城市，商业贸易发达、以金融为中心的城市又有自己的特色。城市的不同性质决定和影响了城市社会人群活动方式和活动的特点。

大城市中的人际关系、社会交往与小城市的邻里关系有明显的差异，而且城镇中还存在着亲缘血缘关系，人际关系的疏密程度会在社会的种种观念中得到反映（当然还有其他深层的原因）。归纳起来，大城市的现代化、社会化、现代科技、现代信息、现代交通以及较为丰富的文化生活等都会给城市的观念文化提出新的环境规划设计要求和设计上的种种创新要求。

城市行政管理的级别、城市所在地区的首位度都影响城市的文化特色。城市的行政级别、行政信息、政府政策的管理水平、实施水平、行政效率等都影响着城市的文化特色和素质。

城市管理者的能力、水平和作风、组织结构及所采取的行政措施以及综合产生的文明程度，可称之为稳性而潜在的"城市性格"、"城市品格"和"城市风格"。为此我们的设计要尽可能地体现城市的性质和规模，要有地方性并注重城市的尺度，使之与规划相匹配。

（5）现代化的城市设施、现代化的科学技术给城市以新的文化特色。

城市的现代化必将伴随着城市的社会化，现代科技在城市建设中的种种表现仍然是现代城市和建筑文化的标志之一，城市社会化程度反映出城市生活的便捷和繁荣程度，综合反映出城市的效率。城市的社会改革、经济体制和城市职能的更新，及城市中种种新技术的应用，都使我们面临着一场新的挑战。现代城市文化离不开现代新科技，城市文化特色的变化是大势所趋。高大的电视塔，快速的交通及立体交叉的建筑物、地下铁道等等都给城市以新的特色。具有历史传统文化的城市，其发展必须与现代化相结合，这是我们研究城市特色所不可忽略的。

现代化的发展、社会化的管理、产业结构和生活方式的变化，特别是表现现代化建筑文化的高层建筑、大空间建筑的出现和多功能空间的综合利用，引起了城市和建筑内部空间立体轮廓的变迁，这在许多城市立体轮廓线中已呈现出来。各城市规划和管理水平有很大的差别。日本名古屋是东方历史名城，它有很好的规划，景观中的古建筑群得到控制，城市中央近百米宽的林荫道被规划保留了出来，城市的形象显得十分美丽。现在日本建筑师们认识到要吸取以往建设中的教训，重视景观设计，并成立了相应的机构。可见，现代科技能给予城市以新的特点，但仍要注意规划、管理、控制、保护、设计好城市的新环境，而景观设计是其重要内容。

（6）从某种意义上讲城市文化特色是不同历史时期，不同管理者、规划者、设计者水平和素质的综合反映。

从建筑史可知，城市文化特色水平的高低和一个时期管理者的水平、素质、管理体制、法规等有直接或间接的联系，巴黎、华盛顿、北京（古城）、西安（古城）等的优秀规划和管理反映了这个问题。18 世纪法国奥斯曼的巴黎规划及艾伯克隆比的伦敦规划以及它们的实施清楚地说明了这一点。另外，不同时期建筑设计的水平及其作品都对城市形象产生了深远的影响。以北京为例，古建筑如故宫、天坛、颐和园，新中国成立后的优秀建筑以及近年来建起的住宅群和公共建筑等都反映了不同时期的城市风格和艺术发展的过程，也反映了城市文化艺术的特征。

我们强调的是一个时期管理者、规划者的决策对城市负有历史的责任，他们的建设活动都浸透了那个时期社会活动带来的印记。城市设计是一个漫长的城市建设过程中不断地延续调整的规划设计过程，是一件长期性的工作。多样性的城市设计，后来者的观念的连贯性，使文脉和设计紧紧结合起来。每个设计者和管理者的统筹决策、群众的参与、有序的合理建议

等都是正确管理不可缺少的要素。

综上所述，城市的特色离不开自身发展的现状基础。城市的基础设施是城市的基本骨架，它的形成一是由于城市原有的设施，当时的建造方式、法规、形制、功能等原因，二是由于城市的发展、扩展，或由于技术进步使城市的设施以及组织居住建筑不断更新所致。城市的道路和基础设施一旦形成，两边及周围建筑就会开始建设，因此，它对城市形态及特色的变化起着十分重要的作用。许多历史城市中，原有设施的骨架大多被改造更新，它是城市形态中最深的烙印。城市基础设施（地下）的"形"不能不受到自然环境的影响。山、河、地质构造等种种条件都制约了城市道路网设施的形式，它影响城市的形态，产生了城市自身的特点。城市的基础设施（这里指的是道路及地下的工程设施）在城市的经济投入中有相当的比重，它的更改也应有相应的经济价值，它的技术特点、进步程度很大程度上反映了城市的建设与发展，它操纵了城市发展的态势。而基础设施规划设计对未来城市发展的作用，可以认为是具有潜在能力的"操控者"，城市特色的现代化程度、技术进步的水平都要以它作为重要标准。

我们评价一座城市不能只看到可见的"形象"，而忽视那些不可见的、在地下影响整个城市生产生活的"血管"。这些"血管"牵动了有形的城市，也牵动了有形无形的城市生活，其结果仍然是有形的。现代城市若停一天水、停一天电或交通中断，都会给城市生活带来不稳定，因此不能等闲视之。

小结

由以上可见，城市特色具有综合性，它是城市的历史、文化、社会、经济、地理、科技等的综合结果，而不是孤立存在的，所以城市的设计也应当是综合的。

我们是在一定的时间、空间结构中研究城市的特色的，它是动态过程的表现。既然是一个过程，那么我们就要强调城市设计的连续性，不然难以体现这个设计的整体过程。

在研究城市的特色时，将文化看成是综合的特点至关重要。我们要把经济发展的特点、精神文明的特点，分别按不同价值观加以综合评述。

在现代化城市中，要强调城市的综合效益，社会的、经济的、环境的效益，三者有机结合，缺一不可。在现实生活中，许多方面三者是互补的，相互促进的。

城市社会的有机组成、社会人的组织状态、所反映的精神文明以及对城市建设保护的能动作用，仍然是研究城市特色的重要因素。

城市特色不是消极客观的反映，它要求管理者、决策者、参与者能动地发挥、利用、保护已有的城市特色，使城市向着创造出符合时代、展望未来、求得更新的特色方面发展，最大限度地满足城市人民物质和精神需求。

当今中国的建筑世界里，往往充满了千篇一律的现象，城市里充满着雷同的建筑形象，原有的地方特色几乎被统一模式的建筑所替代，这也算是时代的一种反映吧。这种建筑建造得快，能较快地满足社会各种功能类型的需要，这是它的优点，但是地方的个性逐渐暗淡了、埋没了，这是一个值得深思的问题。

我们再进一步探讨除特色之外城市是否也具有风格呢？如果指形象而言，无疑是有风格的，建筑风格的总和和自然构成了城市的风格。

城市是否也具有性格呢？如果指城市社会生活长期形成的特点，或者通俗的"脾气"、"习惯"，那么也可以说是一种城市社会的性格。城市是一个社会体，总有自己的约定俗成。一个国家、一个民族有自己的制度、体制和特点，作为一座具体的城市也有自己的性格，这也是社会的综合反映。

城市是否具有自身的品格呢？我们从精神文明这一点来分析，城市之间是有区别和差别的。这里我们强调的是城市社会人的素质和道德风尚。

我们如果能从城市的风格、性格、品格以及其获得的种种特点来评定城市文化特色的价值观，将十分有利于我们从事城镇建筑的规划和设计。

21 社会保障

Social Security

（一）

社会保障是现代工业文明的产物。我国的社会保障制度主要包括社会保险、社会救济、社会福利和优抚安置，实行的是社会共济模式，由国家、单位和个人共同分担。它不仅面向城市居民，也覆盖全体农村居民，其根本宗旨在于使人年青时有职业、年老时有所养、生病时有所医、年幼时有所靠。它既是一项社会制度，也是一项经济制度，对经济社会发展起着"安全网"和"稳定器"的作用。加快完善社会保障体系是社会文明进步的重要体现，是建设中国特色社会主义的必然要求，也是广大人民群众的热切期盼。

从某种意义上讲，社会保障是"法律"，它通过国家立法强制实施，保证无收入、低收入以及遭受各种意外灾害的公民能够维持生存，保障劳动者在年老、失业、患病、工伤、生育时的基本生活不受影响；社会保障也是"措施"，它在国家立法的有力保障下，需要由政府相关职能部门采取切实措施，使人人享有基本社会保障真正得到落实；社会保障还是"过程"，这个过程就是政府不断完善保障政策法规，扩大保障覆盖范围，提升保障能力，增进民生幸福感的过程。

新中国成立后，国家就建立了以国家保障为特征的社会保障制度，全体劳动者的老有所养、病有所医等问题均由国家或用人单位来承担，这在当时发挥了巨大作用，但也存在

吃"大锅饭"等弊端，迫切需要加以改革完善。改革开放以来，特别是 1980 年代以来，我国积极探索推进社会保障制度改革，社会保障事业逐步步入快速发展轨道，现在的社会保障制度较之改革之初已发生巨大变化，养老、医疗、失业、工伤、生育等社会保险制度日趋完善，城乡低保、农村五保、医疗救助、特殊困难残疾人救助、临时救助等社会救助制度不断完善，以困难老年人、儿童、残疾人为重点服务对象的适度普惠型社会福利事业加快发展，关闭破产国有企业的退休人员参加医疗保险、"老工伤"人员纳入工伤保险统筹管理、未参保集体企业退休人员参加养老保险等历史遗留问题得到有效解决，这些成就令人瞩目，也为经济社会发展营造了良好环境。

当前，从中央到地方都在强调推进新型城镇化，新型城镇化不是简单的农村人口向城市集聚，其核心之一是实现社会保障由"乡"到"城"的转变，促进人的城镇化。而长期以来存在的城乡二元结构，使城乡社会保障制度无论是在制度安排上，还是在覆盖程度、保障水平上，都存在较大差异，同时城乡同种社会保障制度之间的衔接也存在一定障碍，而城镇化进程中人口的频繁迁移也对社会保障体系建设提出新的需求，这使现行的社会保障体系面临着诸多挑战。从江苏

本章内容由谭颖、朱华提供。

来看，全省 13 个省辖市新农保与城镇居民社会养老保险制度均已全部合并实施，但各地做法不一，部分地区城乡保障待遇标准还存在差距；城镇居民基本医疗保险和新农合仍是两套制度、分别管理、封闭运行，两者保障水平也存在较大差异，这些都影响到社会公平。必须以统筹城乡发展的理念和思路，坚持"全覆盖、保基本、多层次、可持续"的方针，以增加公平性、适应流动性、保证可持续性为工作重点，注重效率与公平、统一性与灵活性相结合，立足当前、着眼长远，统筹城乡、整体设计、积极而为、量力而行，更加注重保障公平，更加注重服务均等，更加注重制度可持续发展，加快完善覆盖城乡、人人享有、保障更好的社会保障体系。

农民工是改革开放和城镇化进程中涌现的一支新型劳动大军，他们广泛分布在国民经济各个行业，为城市繁荣和现代化建设作出了重大贡献。随着城镇化加快发展，将有越来越多的农村富余劳动力逐渐转移到非农产业和城镇中来，大量农民工在城乡之间流动就业也将长期存在。根据国家统计局监测调查报告，2013 年，全国农民工总量 2.69 亿人，比上年增加 983 万人，其中外出农民工 1.66 亿人，江苏农民工总量约 1000 万人左右。虽然进城农民工参加城镇社会保险法律上已作出明确规定，各地也坚持工伤保险先行，大力推进农民工参保，但农民工参加城镇社会保险的比例还不到 50%，这与他们亦城亦乡，在城市之间、城乡之间频繁流动有很大关系，也与他们收入不稳定且报酬相对偏低，对未来养老需求远低于眼前的生活压力有一定关联。在加快推进城镇化过程中，应当针对农民工就业的特点，增强社会保障制度的流动性，抓紧制定企业职工基本养老保险与城乡居民社会养老保险之间的衔接办法，进一步完善城镇职工基本医疗保险、城镇居民基本医疗保险、新农合制度之间的衔接措施，认真落实社会保险关系跨地区流动转移接续规定，实现农民工在城乡、区域之间流动时社会保障权益可累加计算，为他们提供更加可靠有力的保障，把促进社会公平真正落到实处。

发展大城市是推进城镇化的必然选择，国际经验表明，在推进大城市建设过程中必须防止"城市病"的发生。大城市具有更强的人口聚集效应，但人口过快向大城市集聚也会产生就业和社会保障等一系列社会问题，特别是农民工向大城市集聚与大城市生活成本过高、就业岗位有限等因素交织在一起，将可能导致新的贫困现象的发生，对此应充分考虑、有效应对。社会保障制度对城市居民基本生活起着最后保障作用，社会保障支出也是政府财政支出的重要组成部分，在建设大城市的过程中，必须充分考虑人口向城市集聚的社会保障成本，稳妥有序地推进人口向城市集中，防止社会保障支出过快增长，影响到社会保障制度的平稳运行。就业从某种意义上讲则是更为积极的保障，但城市的就业机会和就业容量也有一定限度，在发展大城市的过程中，应当充分考虑城市规模、产业结构与人口增长三者之间的关系，注重就业岗位开发，包括以产业带动人口集聚和城镇化。防止人口向大城市过度集聚引发就业困难，实现推进城市建设与促进充分就业的协调统一。

总之，社会保障是关系到我国亿万人民群众全面奔小康的大问题。与西方发达国家相比，我国社会保障制度建设开展的时间相对还比较短，在加快完善社会保障体系过程中，我们既要积极借鉴西方发达国家在长期社会保障工作实践中形成的有益经验，又要有效防止出现部分西方发达国家实施高福利的社会保障引发的诸多矛盾，坚持从我国经济社会发展的实际出发，不失时机，循序渐进，全力以赴做好社会保障这件惠及全国人民的大事，促进城镇化有序推动。

（二）

新型城镇化的重点是农业转移人口市民化，其重要任务之一就是实现城乡社会保障一体化，但由于长期以来城乡经济社会发展存在的巨大差异，实现这一目标必然是一个渐近式的过程。必须把握好当前和长远的关系，不把简单地把城乡一体化理解为城乡一个标准、一个水平，应当允许城乡社会保障在一定阶段存在一定差别，并随着经济社会的发展逐步实现城乡同一制度、同一标准。

苏州是江苏省委、省政府确定的城乡一体化发展综合配套改革试点地区，良好的综合经济实力为苏州加快推进城乡社会保障一体化提供了有利条件。在推进城乡一体化发展过程中，苏州按照统筹城乡、覆盖全民的总体思路，在已经建立比较完善的城镇职工社会保险制度基础上，率先建立城乡统一的居民社会养老保险制度，加快推进被征地农民纳入城镇企业职工基本养老保险，构建起城乡一体、逐步接轨的社会养老保障政策体系；率先推进新农合制度向城镇居民基本医疗保险制度衔接，构建了居民基本医疗保险制度与基本职工医疗保险制度的接轨互换通道，整合了基本医疗保险和社会医疗救助管理职能，实现了城乡基本医疗保险和社会医疗救助的一体化管理；率先推进城乡最低生活保障一体化，在全国地级市中率先实现城乡最低生活保障全市同一标准，等等。可以说，苏州在实现城乡社会保障制度全覆盖、人群全覆盖的基础上，正在向城乡保障标准一体化迈进。

苏州的城乡社会保障一体化代表的是未来发展方向，这是建立在良好的经济社会发展条件基础上的，现阶段尚不可能在全国全面推广。苏州的城乡一体化发展实践也启示着我们，在推进新型城镇化进程中，不能把注意力仅仅放在人口比例增加和城市面积扩张上，而要更加注重质量内涵、以人为本和社会公平，把握好公平公正这一尺度，从制度设计、程序规范、工作推进各个环节入手，维护和促进权利公平、机会公平、规则公平，消除对农业转移人口的歧视性规定和体制性障碍，使他们和城市居民享有同等的权利和义务。推进城乡一体化发展，必须积极稳妥推进城乡社会保障一体化，在具体实际路径上，应综合考虑各地综合经济实力的差距，坚持分类指导、分步实施，合理安排城乡社会保障一体化的阶段性目标和实现路径。

从江苏当前情况看，在推进新型城镇化过程中，社会保障制度建设应在制度安排已经基本实现城乡全面覆盖的基础上，优先推进解决制度之间城乡相互衔接和经办服务城乡基本均等两大问题，并逐步建立待遇标准城乡统筹调整机制。为此，首先应重点关注农民工和被征地农民两大群体，对农民工，应针对其重当前收入、轻长远保障的特点，加强政策宣传引导，使其认清参加社会保险的重要意义，认清参加城镇企业职工社会保险与农村社会保险的差别，自觉自动参加城镇企业职工社会保险；对被征地农民，应针对其被动丧失生产资料的特点，将促进其就业作为首要任务，在此基础上，依据其就业状况，分别将其纳入城镇企业职工社会保险或城乡居民社会保险制度范围，并鼓励支持其参加高水平的城镇企业职工社会保险。其次，应针对劳动者在城乡、区域之间频繁流动的现实情况，抓紧整合城乡居民基本养老保险制度和基本医疗保险制度，完善基本养老保险制度城乡衔接和区域转接政策，落实城镇职工基本医疗保险、城镇居民基本医疗保险和新农合制度之间的衔接办法，实现同一险种不同制度之间的互联互通，真正做到城乡劳动者"无论就业在哪里，社会保险接着算"。第三，应更加注重基本公共服务的均等化和便捷性，加快完善城乡一体、直达到村的社会保险经办服务网络，健全城乡贯通的社会保障信息系统，全面推进社会保障"一卡通"，努力把社会保障经办服务做到城乡劳动者身边，实现对参保对象"记录一生、服务一生、保障一生"。

总之，实现城乡社会保障一体化是推进新型城镇化的必然选择，在此过程中必须把握目标，稳步推进，量力而行，促进社会保障与城镇化的协调并进，让广大城乡民众在城镇化进程中不断得到实惠。

22　提升社会的道德规范和素养

Enhancement of Ethics and Quality

提升社会的道德规范和素养是城市研究的一个重要课题，因为城市是人的城市、社会的城市，人们的公德、行为模式影响着城市。

我们倡导文明行为。

长城是中国千百年来的伟大历史文物，许多人到北京八达岭去游玩，在城墙上刻上自己的名字和"到此一游"，实际上是对历史文物的一种损害。

讲卫生是每个人必要的素养，是我们的优良作风，我们必须要遵守。如随地吐痰，很不卫生。再如在很多公共场合中是禁止抽烟的，抽烟不但伤害自己的身体，也伤害别人的健康。这些看上去是小事，实际上是社会公德问题。

大声喧哗也是不好的行为，台湾出版的一本书《丑陋的中国人》中提到一个反面教材就是在公共场合中声音过大影响别人。

交通通行方面，闯红灯、追尾事件经常有之，车祸时而发生，有些行人在过马路时看到无车就不顾红绿灯集体过街，人称中国式过马路，我们要将这些行为摒弃掉。

我们也要付出关爱。

农民工进城，在许多方面需要得到教育，留在农村的孤寡老人、留守儿童也要受到照顾，他们需要人们的关爱。

我们相信仍有相当的人们愿意付出，成为人民的道德模范。乡村有优秀的大学生下乡当村干部，工厂有先进工作者，他们以兴国为己任，把责任放在首位，组织大家脱贫致富，这都是了不起的事迹。青年人是我们的希望，学校是培养人的灵魂工程，教育者先受教育，从做一名合格的老师开始。

历史上"先天下之忧而忧"的思想，先辈们许许多多说不尽的事例触动我们的心灵。西方的居里夫人是位伟大的科学家，她和她的丈夫研究"镭"，他们的发现和研究对科学起到很大的促进作用，他们是我们的榜样。华裔科学家吴健雄、杨振宁等先生在科学研究方面也取得很大的成就。

当今社会正处在转型期，统一思想追求强国、强军之梦，而同时我们也要转变思想。做"最好的村官"、"最美乡村教师"等的提出即是在提倡做好人好事。一切从教育出发，同时用法治来保障人们的安全。在这时期我们青年人一定要遵纪守法，做一个爱祖国、爱人民的好公民。

我们是一个有13亿多人口的大国，现在我国的体制是让一部分人先富起来，而造成贫富差距悬殊，有差距就有矛盾，甚至有斗争。但凡事要从长远去想，从过程中去想，从未来理想去想。

我们还处于生长期，要刻苦学习，勤奋努力，大科学家爱因斯坦曾说过："在天才和勤奋两者之间，我毫不迟疑地选择勤奋，它是几乎世界上一切成就的催产婆。"我国历史上有许许多多的实例，汉朝的司马迁，虽处逆境还为国家做出大的成就。不能要求所有人都出人头地，但遵守社会公德、提高自身的素养是必要的。

我们是教育界的老师，我们师承相传，我们应该做灵魂的工程师。

后 记

Postscript

本书是国家出版基金项目《宜居环境整体建筑学》系列丛书四本书中的第二本。本书所说的大城市涵盖城市群、超级大城市和特大城市，还包括中小城市，也涉及乡镇、农村。

城市在当今多是以"二产"为主，联合"三产"，有完整的基础设施和福利设施。十一届三中全会以来，我国城市化发展加快，造成诸多矛盾亟待我们去解决，如交通拥堵，城市侵蚀周边农民土地形成城中村，入城的农民工子女的教育和再就业困难等等。而城乡发展一体化要求我们在关注城市的同时，也要促进农村良性发展，切实解决好农村在经济快速发展下带来的一系列问题：怎样关照农村大量留守儿童和孤寡老人；怎样解读农村贫困地区救助不足问题；城市哺育农村力度逐渐加大，怎样做到城乡一体化发展；农业土地政策放开，怎样流转土地；怎样带动全体农民共同致富；又怎样避免转移到农村的"二产"对环境造成污染等等。党的十八届三中全会指出，"必须健全体制机制，形成以工促农、以城带乡、工农互惠、城乡一体的新型工农城乡关系，让广大农民平等参与现代化进程、共同分享现代化成果。"我国正处于转型中，中央和地方的机构改革步步推进，党中央深入群众实施八项规定整治腐败，确立二个一百年的目标，走小康富国强民之路。

城市是人类聚居最集中的地方，是人们生活、工作、休憩、旅游的场。我们要注重发展中的控制，在控制中发展，使城市达到良好适宜的状态。城市既是人类聚居的空间体，又是在不断运转的实体。要运转，就要使城市的各种企业，包括国有、民营企业，都得到长足的发展，要进一步提高就业水平，使经济转型获得提升和提高，要在市场经济的提升中平衡好各种混合经济使之逐步完善。

城市的职能是多样的，有生产的、工作的、交通的、信息的等等。不管是哪种职能的城市，在全球气候变暖的情况下都要逐步解决好空气、河流、土地污染问题，疏解交通拥堵，管治废气排放，防范自然灾害等等，重点关注、应对各种突发事态。这里要研究城镇化的规律及其矛盾，要研究城市在地域中的布局，发展振兴欠发达区域，解决特贫城镇的资源缺乏和枯竭问题，重视大、中、小城市的建设要以中小城市为主。城市文化特色的建设也要得到强调，物质文化和非物质文化遗产都要得到有效合理的保护。同时增强生态文明的建设，践行社会主义核心价值观，提高人民生活水平。

城市是一种活的载体，是能动的，自转的，辐射的，同时其内在的、外在的力相互作用，使其形态达到一种动态的平衡，科技发展是最大的推动力。我们要利用现代化的手段建设文明城市、发展科技、信息、交通等，改善现在存在的城市病，加强绿地规划和建设，求得蓝天净水，求得全体人民的宜居环境。

感谢天津大学建筑学院张玉坤老师提供了资料，钱维同志提供的宝贵意见。

感谢谭颖、朱华、李启明、李飚、陈一新、王兴平、代晓利、张嫄、韩晶、邵继中、孙磊磊等提供的帮助。

感谢本所林挺、卜经青，及我的学生胡长娟、宫聪、黄梅、沈骁茜等提供的帮助，感谢孙晶晶所做的翻译工作。

感谢出版社编辑，她们为本书的出版做了大量的整理工作。最后我还要感谢我的家人对我最大的关爱与支持。

本书的分析和探索只是一小部分的工作，后来者一定会研究下去，更上一层楼！

2014 年 3 月 20 日

图书在版编目（CIP）数据

大城市的生机与矛盾 / 齐康等编著 . —南京：
东南大学出版社，2014.6
（宜居环境整体建筑学）
ISBN 978-7-5641-5022-8

Ⅰ . ①大… Ⅱ . ①齐… Ⅲ . ①城市规划 - 研究 - 中国
Ⅳ . ① TU984.2

中国版本图书馆 CIP 数据核字（2014）第 121291 号

大城市的生机与矛盾
Vitality and Contradictions of Great Cities

编　　著	齐　康等	
出版发行	东南大学出版社	
社　　址	南京市四牌楼 2 号　邮编　210096	
出 版 人	江建中	
网　　址	http://www.seupress.com	
责任编辑	戴　丽　魏晓平	
装帧设计	皮志伟　刘　立	
责任印制	张文礼	
经　　销	全国各地新华书店	
印　　刷	上海雅昌彩色印刷有限公司	

开　　本	787 mm×1092 mm　1/12	
印　　张	17	
字　　数	302 千字	
版　　次	2014 年 6 月第 1 版	
印　　次	2014 年 6 月第 1 次印刷	
书　　号	ISBN 978-7-5641-5022-8	
定　　价	88.00 元	